打造美好的家
——住宅装饰装修必知

验收篇

江苏省装饰装修发展中心　主编

中国建筑工业出版社

图书在版编目（CIP）数据

打造美好的家：住宅装饰装修必知 . 4, 验收篇 /
江苏省装饰装修发展中心主编 . —北京：中国建筑工业
出版社，2022.8

ISBN 978-7-112-27591-5

Ⅰ.①打…　Ⅱ.①江…　Ⅲ.①住宅—室内装修—工程
验收　Ⅳ.①TU767

中国版本图书馆 CIP 数据核字（2022）第 117296 号

设计篇

主　　编： 陈得生

编写人员： 王　剑　孙建民　浦　江　尹　会　范文谦
　　　　　　张云晓　范　文　王　鹏　宋田田

合同篇

主　　编： 王　鹏

编写人员： 贾朝晖　刘　栋　汤卫国　季　莉　童珺森

照明篇

主　　编： 范　文

编写人员： 王　腾　吴俊书　宋田田　郁紫烟　陈得生

绿植篇

主　　编： 宋田田

编写人员： 庄　凯　徐晶园　范　文　文　乔

序

随着住房消费市场从住有所居的刚性需求向住有宜居的品质追求转变，室内装饰装修行业的设计标准和服务内容不断延伸，与百姓生活密切相关。

江苏省装饰装修发展中心多年以来致力于装饰装修行业标准、技术、规范的研究。为适应装饰装修市场快速发展的需要，满足人民群众对美好生活的向往，由江苏省装饰装修发展中心发起，联合江苏省装饰装修行业协会（商会）、南京林业大学、龙信建设集团有限公司、红蚂蚁装饰股份有限公司、深圳瑞生工程研究院有限公司、苏州安得装饰设计工程有限公司等单位，编写了《打造美好的家——住宅装饰装修必知》一书，旨在：①面向住宅装饰消费者进一步加强对住宅装饰装修全流程的科普宣传工作；②引导消费者了解住宅装饰装修基本知识，掌握设计与施工的流程、方法；③具备针对特定装修问题的基本判断和辨识能力，并知晓相关的解决方法和渠道；④促进和引领大众装饰审美的提升。

该书为科普图书，共有5个分册，从设计、合同、照明、验收、绿植方面对目前装修市场最新的流行趋势、法律法规、施工工艺、技术规范进行了翔实的阐述，为住宅装饰消费者提供技术支持和帮助，供装修业主参阅。同时本书还精选了一些实际案例，是目前市场上比较全面的住宅装饰装修科普类书籍之一。

由于时间仓促，水平有限，如有不妥，请批评指正。

编者

2022年8月

前　言

　　如果把"家"比作一个人，那么房屋土建结构是人的骨架，装饰装修则是人的血肉，装饰装修各分项工程都对应着人的相应器官。给水排水工程是血管，传递营养，排除毒素，滋养身体。电路工程是筋脉，传送能量，传递信息。中央空调、新风系统、采暖系统是各功能器官，发挥各自作用。墙、顶、地的装修就相当于皮肤，把血管、筋脉、器官等覆盖其中，既起到保护作用，又能形成一个整体，更加美观。各种定制家具是人使用的工具，使得功能更强。各种软装是衣服，不同的搭配形成不同的风格，还可以常换常新。我们每天生活在"家"中，感知岁月，休憩心灵，"家"仿佛是值得依赖的伙伴，在这个世界里给予了我们最基本的依靠。

　　对于我们的家，大家在装修时总是给予了很多的期许，但是这样那样的装修质量问题却又总是让我们筋疲力尽。据统计，质量问题在住宅装饰装修各类投诉中常年以来稳居第二名。如何规范住宅装饰装修发展，提升住宅装饰装修质量水平，一直以来是相关政府部门重点关注的民生问题，并为此采取了诸多工作措施。2019年，江苏省装饰装修发展中心组织编写了江苏省地方标准《住宅装饰装修质量标准》DB 32/T 3706—2019，该标准于2019年12月16日经江苏省住房和城乡建设厅批准发布，并于2020年3月1日开始实施。在此基础上，《住宅装饰装修质量标准》主要编写人员进一步整理工程实践经验，针对当前装修中经常出现的质量问题，提出了解决方法和验收要求，形成了本分册。本分册以标准规范为基础，参考了部分装饰装修企业比较好的工艺做法，穿插了一些实景图、工艺结构示意图，让读者易读易懂。

本分册编写过程中，江苏省建筑工程质量检测中心有限公司、南京装饰行业发展中心、泰州市装饰装修行业协会、南京尚居装饰有限公司等企业和单位提供了资料和技术帮助，在此向他们表示感谢！

目　录

第 1 章

住宅装饰装修验收概述

1.1 住宅装饰装修验收概念

住宅装饰装修验收是指在装修过程中或者完工后，按照一定标准对所装修的各个具体项目的质量进行检验并确认的过程。

验收应当依据设计文件、双方签订的合同以及有关的国家标准、行业标准或地方标准进行。

验收应当按照工程施工进度分阶段进行，每一个阶段质量验收合格后才能进入下一个阶段的施工。验收一般分为拆除、水电、泥作、木作、油漆等阶段，也可以在合同中具体约定。

验收时应当根据具体项目的施工工艺和流程确定验收内容，一般要先做好基层验收，再进行隐蔽工程验收，最后进行面层验收，整体工程结束时还要进行整体竣工验收。

1.2 住宅装饰装修主要工程项目及流程

住宅装饰装修工程虽小，但涉及的项目很多，每个项目的质量好坏都关系到整个住宅装饰装修工程质量是否合格。这些项目如果按施工工种划分，主要有拆除、水电、瓦工、木工、漆工、安装等类别。如果按项目性质划分，又可分为结构工程、装修工程和安装工程三类。还有按照施工部位进行划分的，如墙面工程、顶面工程、地面工程、门窗工程等。

　　本分册参照国家装饰装修有关标准规范，结合行业内的通用叫法，来命名住宅装饰装修中的工程项目。按照装修顺序，其流程图如下（图1-1）。

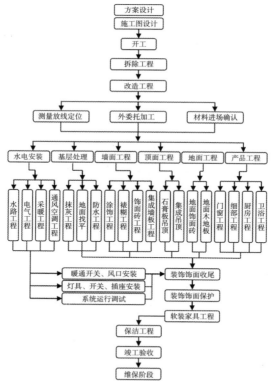

图1-1　住宅装饰装修工程项目流程图

1.3 验收常用工具

住宅装饰装修验收常用工具及用途见表1-1。

住宅装饰装修验收常用工具及用途　　　　　　表1-1

序号	工具	照片	用途
1	塞尺		主要用于间隙间距的测量
2	水平尺		主要用于测量各种水平值，比如测量铺设的瓷砖和安装的门窗是否水平
3	卷尺		主要用于测量各类尺寸
4	游标卡尺		主要用于测量管材的壁厚、电线的线径等
5	直角尺		主要用于检验直角
6	靠尺		主要用于检测墙面、瓷砖是否平整垂直，地板龙骨是否水平、平整。靠尺是家装监理中使用频率最高的一种检测工具

序号	工具	照片	用途
7	网线测试仪		主要用于测试网络线是否正常接通
8	相位检测器		主要用于检查电线线路、插座等接线是否正确
9	空鼓槌		主要用于敲击墙面、地面,检查是否有空鼓等问题

1.4 住宅装饰装修保修

在正常使用条件下,住宅室内装饰装修工程的最低保修期限为2年,有防水要求的厨房、卫生间和外墙面的防水渗漏为5年。保修期自住宅室内装饰装修工程竣工验收合格之日起计算。

住宅装饰装修主要工程项目质保期限见表1-2。

住宅装饰装修主要工程项目质保期限　　　表1-2

序号	项目	质保期限
1	装修工程、电气管线、给水排水管道、设备安装	2年
2	有防水要求的卫生间、房间	5年
3	供热与供冷系统	2个采暖期、供冷期

第 2 章

拆除、改造工程验收

拆除、改造工程是住宅装饰装修进场后的第一项工程，是对建筑原装饰层进行清除，对建筑原基层、基面进行修补，以形成符合装饰装修工程施工要求的基层的过程。

拆除、改造的主要目的：一是对原建筑室内空间存在的质量问题进行纠正，例如空鼓需要重新抹灰、墙面地面顶面不平整需要重新找平、门洞窗洞不方正需要重新修正等；二是实现设计的意图，例如为实现空间格局的改变和优化而进行的局部非承重墙体的拆除；三是减少旧装修层对工程质量的影响，例如清除掉旧饰面层、旧涂饰层残留的污渍、胶渍等。

拆除的主要内容包括原有室内空间界面（墙、顶、地）表皮、饰面层（板）、固定家具、部分非承重墙体等。改造的内容包括基层重新抹灰、部分墙体重砌等。

拆除、改造工程进行前，业主应当办理好装饰装修施工手续，向物业管理企业或者房屋管理机构（以下简称物业管理单位）申报登记，并与物业管理单位签订住宅装饰装修管理服务协议。如果拆除工程涉及变动建筑主体或者承重结构，改动卫生间、厨房间防水层、燃气设施、供暖设施，则需要按照当地管理部门要求办理申报手续，获得批准后方可进行。

图2-1为某物业管理单位办理的装修施工许可证，上面标示有住宅装饰装修施工负责人联系电话。

图2-1　施工许可证

2.1 拆除工程

1.施工及验收时段

拆除工程是正式施工的第一步，拆除的内容应当根据前期对原始空间的勘察情况、设计文件进行确定。

拆除完成后，根据设计图纸和合同约定对拆除工程进行验收。

2.验收清单

拆除工程完成后可以按照表2-1进行验收。

拆除工程验收清单　　　　　　　　　　　　　　　　表2-1

序号	验收项目	验收内容
1	是否按设计图纸拆除	拆除工程应符合设计图纸要求和国家现行有关标准的规定，设计图纸应经有关部门批准
2	拆除保护	拆除前应当做好保护工作，保护包括室外电梯、楼梯、过道等运料必经的公共空间和室内非拆除的墙面、地面、厨卫、家具以及水管、电管等（图2-2）
3	墙体拆除	所拆墙体应为经批准可以拆除的非承重墙体，墙体切割边缘应整齐，不需要拆除的墙体或部位应保护完好（图2-3）

序号	验收项目	验收内容
4	瓷砖层铲除	瓷砖层、瓷砖粘结层均应铲除。基层砂浆层空鼓的，还应当铲除空鼓的砂浆层。拆除后，拆除部位不应剩留钉、胶等原装饰部件或材料
5	涂料层铲除	涂料层和松动的腻子层应当铲除，或按合同约定铲除所有腻子层。基层砂浆层空鼓的，还应当铲除空鼓的砂浆层。拆除后，拆除部位不应剩留钉、胶等原装饰部件或材料（图2-4、图2-5）
6	墙面开槽	开槽的宽度、深度符合埋墙管线的尺寸要求，墙体开槽应竖向开槽。必须横向开槽时，横向开槽长度不长于300mm；斜向开槽时，其水平长度不长于300mm（图2-6）
7	开孔留洞	开孔的数量、位置、孔径符合图纸要求，不得在承重梁、柱上开孔
8	门窗拆除	门窗口四周抹灰层应剔凿干净，有防水层的应该予以清除，不得破坏墙体结构
9	拆除垃圾	拆除工程完毕，交付下一个工序前，拆除垃圾应及时清理干净，保持现场整洁

图2-2　住宅装饰装修工程施工保护

图2-3　根据设计图纸拆除非承重墙体

图2-4　铲除墙面旧的涂饰层

图2-5　空鼓的部分铲除后重新抹灰

图2-6　墙面开槽

3.拆除质量与安全要点

拆除时要做好以下几方面工作，保证拆除工程的质量和安全。

（1）卫生间、阳台等处的排水管做好管道保护，防止施工时造成堵塞。

（2）拆除窗户前要请专人勘查维护施工现场，并在外围拉起警戒线。

（3）在楼梯扶手处和易发生坠落危险处，应做好临边防护，张贴警示安全标语。

（4）现场要配备消防设备，如干粉或泡沫型灭火器。

（5）做好关水、断电处理以及关闭燃气管总闸，拆除时注意埋在墙中或地面的暗管。

（6）如果有地板、门窗或卫浴等保留物品时，要注意做好相应的保护措施。

（7）废弃的玻璃等易碎物品应及时装袋，防止造成人员受伤。

（8）入户门外应贴示施工负责人的联系方式。

（9）如果施工产生灰尘，应采取降尘措施，避免给周围邻居造成不便。

（10）拆除的垃圾应运放到物业指定地点，不得堆放在走道、门厅、楼梯口等公共空间。

（11）拆除垃圾通过客梯运送时，应包装完整，不得超出电梯核定荷载，不得污染公共走道或电梯。

质量小贴士

做好拆除计划书是保证拆除工程质量的关键一步，拆除计划书可以包括拆除图纸、拆除方案、拆除标准等。

2.2 改造工程

改造工程主要内容包括根据设计图纸对非承重墙体进行局部改造、现浇混凝土坎台、包烟道、封门头、抹灰等。

1.施工及验收时段

改造工程在拆除工程完成并验收合格后进行，改造工程完成后即可进行验收。

2.验收清单

改造工程质量验收清单见表2-2。

改造工程质量验收清单　　　　　　　　　　　表2-2

序号	验收项目	验收内容
1	轻质砌体墙	（1）卫生间、厨房、阳台、地下室等潮湿、有水区域轻质砌体墙底部应设置混凝土坎台。 （2）新旧墙结合处应加设拉结筋。 （3）不同种类、不同强度等级砌块不应混砌。

序号	验收项目	验收内容
1	轻质砌体墙	（4）砌筑时砌块应错缝搭砌，砌体墙顶部接近梁、板底时留空，7d后采用砌块斜砌楔紧，使墙体与顶面紧密结合。 （5）砌筑灰缝应饱满，不得出现透明缝、瞎缝、通缝和假缝（图2-7）。 （6）砌块砖包封下水管前，应对下水管进行隔声处理，并留检修口
2	抹灰	（1）抹灰层与基层之间以及各抹灰层之间应粘结牢固，抹灰层无空鼓、开裂、脱层和脱落，面层应无爆灰和裂缝等缺陷。 （2）水泥砂浆抹灰层总厚度大于20mm时，应采取加强措施；不同材料基体交接处表面的抹灰，应采取防开裂的加强措施，当采用加强网时，加强网与各基体的搭接宽度应不小于100mm（图2-8）。 （3）护角、孔洞、槽、盒周围的抹灰表面应整齐、光滑；管道后面的抹灰表面应平整。 （4）厨房、卫生间等有防潮、防水要求的房间应采用防水砂浆。 （5）抹灰表面质量允许偏差：立面垂直度3mm，表面平整度3mm，阴阳角方正3mm，分格条（缝）直线度3mm，墙裙、勒脚上口直线度3mm（图2-9）
3	混凝土坎台	卫生间、厨房、阳台及地下室等有防水、防潮要求区域墙体底部的混凝土坎台应符合下列规定： （1）混凝土坎台采用的水泥等级应不低于楼、地面混凝土等级。 （2）坎台厚度大于等于100mm的，坎台高度宜不低于地面饰面完成面200mm；坎台厚度小于100mm的，坎台高度应高于墙体外侧踢脚线上边20～50mm（图2-10）
4	门洞设置	（1）门洞过梁深入两侧墙体不小于120mm。 （2）门洞尺寸方正，符合设计要求（图2-11）。 （3）宽度大于2100mm的门洞，门洞两侧须设置构造柱

图 2-7　新砌墙体使用拉结筋，砖缝符合质量要求

图 2-8　新旧墙体墙面交接处挂加强钢丝网

图 2-9　墙面抹灰质量符合质量要求

图2-10　细石混凝土坎台施工

图2-11　门洞上口采用角钢过梁，修正门洞尺寸以符合质量要求

3.质量要点

（1）砌体工程施工之前要先将砖块浇水湿润，注意千万不要现浇现用，严禁干砖直接上墙，否则砂浆干得太快，容易导致收缩开裂。

（2）砌墙要分2d砌完，1d全砌完不够稳定，容易开裂，隔1～2d后再砌完剩下的，顶面的砖要45°斜砌。

（3）新旧墙体要用拉结筋连接，拉结筋植入旧墙体至少100mm，并使用植筋胶，搭接新墙体500mm以上，以提升新旧墙体的整体性、抗震性，降低开裂概率。

（4）新旧墙体之间要加钢丝网防裂，新旧墙体搭接宽度至少100mm。挂网时，要铲除旧墙挂网处旧的抹灰层，这样挂网后重新抹灰效果更好。

（5）新建墙体有门洞的，要用预制水泥板或角钢、U型钢作为门洞过梁（应具备抗变形能力），过梁深入门洞两边墙体至少120mm。

（6）卫生间的墙体底部一定要做细石混凝土坎台。浇筑细石混凝土坎台时，地面切割出浅槽，现场倒模浇筑，可提高坎台与地面的整体性，防止后期墙角渗水、烂墙根等弊病。

（7）对于不平整的墙面应当重新进行找平处理（图2-12）。

图2-12　墙面重新用石膏灰找平

质量小贴士

　　改造工程阶段水泥砂浆用量比较大，要重视水泥、砂石的质量。水泥强度等级一般为42.5即可，购买水泥要注意生产日期，一般3个月以内为最佳使用时间。水泥出现了结块，应避免使用。黄砂采用筛选过的河砂中砂，砂石必须干净无杂质。合格的原材料加上规范的水灰比才能搅拌出合格的水泥砂浆。

第 **3** 章

水路工程验收

水路工程包括给水水管、排水水管的铺设，住宅水路工程一般集中于卫生间、厨房和生活阳台空间。由于水路工程大部分都是埋入型的，因此工程质量至关重要，一旦设计不合理、施工不当，出现问题，可能需要拆除墙壁、地面或吊顶找原因，费力又伤财。

3.1 给水系统

室内给水系统主要由引入管、室内管路（主要由立管、水平干管、支管等组成）、配水点（各种类型的用水龙头、用水设备等）、附属设备（加压、稳压设备等）以及计量、控制部分（分户水表和管路安装控制阀门、止回阀、水流指示器等）组成。

给水管使用最普遍的是PPR管，也有内衬铜PPR管和不锈钢管。PPR管分为热水管和冷水管，热水管的管壁壁厚大于冷水管。热水系统应当选用热水管，冷水系统中冷水管、热水管均可使用（图3-1）。

给水系统不同品牌管材和管件的质量及价格都有较大差别，所以材料进场时要验收管材的品牌、规格、型号、壁厚是否符合设计文件的要求和合同约定，保障自身的权益。

图3-1　PPR水管及管件

1.施工及验收时段

给水系统安装属于隐蔽工程，其验收应当在给水系统安装完成后，装修装饰层覆盖前进行。竣工验收阶段再次验收其给水功能是否正常。

2.验收清单

给水系统质量验收清单见表3-1。

给水系统质量验收清单　　　　　　　　　　表3-1

序号	验收项目	验收内容
1	进水管	不得布置在灶台上边缘；明设的塑料给水立管距灶台边缘不得小于0.4m，距燃气热水器边缘不宜小于0.2m。当不能满足上述要求时，应采取保护措施。PPR管不得与水加热器或热水炉直接连接，应有不小于0.4m的金属管段过渡
2	出水口	给水位布管应左热右冷；淋浴冷热水管出水口间距符合标准，与水嘴间距一致；水管各出水口安装牢固，与水龙头连接无渗漏
3	给水管阀门	给水分户总阀开关正确，操作灵活自如，无渗漏；宜设在便于检修和操作的位置
4	管道支架最大间距	（1）PPR立管 20mm管径，最大间距0.9m；25mm管径，最大间距1.0m；32mm管径，最大间距1.1m。

序号	验收项目	验收内容
4	管道支架最大间距	（2）PPR横管 冷水管：20mm管径，最大间距0.6m；25mm管径，最大间距0.7m；32mm管径，最大间距0.8m。 热水管：20mm管径，最大间距0.3m；25mm管径，最大间距0.35m；32mm管径，最大间距0.4m
5	给水管打压试验	给水管道安装完成后应进行压力试验，PPR管的试验方法：试验压力0.6MPa，在试验压力下稳压1h，压力降不得超过0.05MPa，同时检查各连接处不得渗漏

3.质量要点

（1）给水管宜在顶面布置，后期出现问题容易维修。

（2）冷热水管平行间距不小于20cm，且冷热水管的交接处应用保温材料隔离。吊顶内的水管应当包覆保温套管，起到保温和防止水管产生冷凝水的作用（图3-2）。

（3）水管出水口位置安装正确，出水口垂直于墙面，宜与瓷砖完成面相平。使用出水口定位卡可有效保证出水口位置满足要求（图3-3）。

图3-2　水管顶面安装

图3-3　出水口使用定位卡固定

（4）水管压力试验时，冷热水管可以相互连通一起试验（图3-4、图3-5）。

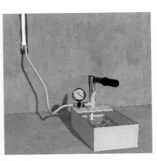

图3-4　水管试压

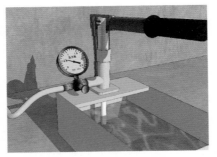

图3-5　水管试压时，试验压力为0.6MPa，稳压1h

（5）热水循环系统中，回水管要安装在热水管最远端，加热水循环器、水流开关垂直向上安装，单向阀箭头必须朝向冷水（图3-6）。

（6）水管固定应当牢固，特别是转角、水表、龙头、闸阀和管道终端10cm处要用管卡固定；每个管道与管道接口、管道与阀门的接口处都要用管卡固定，防止管道振颤引起连接处松动（图3-7）。

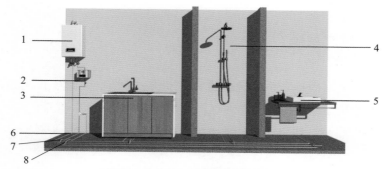

图3-6 热水循环系统管路布置示意图

1—热水器；2—回水器；3—厨房用水；4—淋浴用水；5—盥洗用水；
6—热水管；7—冷水管；8—回水管

图3-7 水管固定实景图

质量小贴士

　　给水管的管件和水管最好为同一品牌，这样可以保证热熔连接效果最好，同时也能正常享受产品的质保服务。

　　给水系统安装完成后应当留存影像资料，同时索取给水系统布管图。

3.2 排水系统

住宅室内排水系统包括器具排水管、横管、立管、排出管，以及清扫口、检查口、存水弯、水封等功能性管件。排水管一般为PVC管材，用专用胶粘剂连接（图3-8）。

图3-8　PVC排水管

排水系统管材的品牌、型号、壁厚等要符合设计要求和合同约定。

1.施工及验收时段

排水系统安装属于隐蔽工程，其验收应当在排水系统安装完成后，装修装饰层覆盖前进行。竣工验收阶段再次验收其排水功能是否正常。

2.验收清单

排水系统质量验收清单见表3-2。

排水系统质量验收清单　　　　表3-2

序号	验收项目	验收内容
1	排水坡度	排水管道顺直、通畅，最小坡度符合：50mm管径，最小坡度12‰；75mm管径，最小坡度8‰；110mm管径，最小坡度6‰
2	灌水试验	隐蔽或埋地的排水管道在隐蔽前必须做灌水试验，其灌水高度应不低于底层卫生器具的上边缘或底层地面高度。检验方法：满水15min水面下降后，再灌满观察5min，以液面不降，管道及接口无渗漏为合格

3.质量要点

（1）排水管施工完成后应当及时做封口处理，防止施工中的杂物掉入管道。

（2）排水横管要注意泄水坡度，分支处避免采用90°直三通，采用45°斜三通连接更易于排水（图3-9）。

图3-9　排水管封口、斜三通、存水弯示意图

（3）台盆、地漏的排水管设置存水弯，隔断生活污水管中的有害气体和异味。

（4）如果坐便器有移位，要注意污水管的排水坡度是否足够，否则容易造成堵塞。图3-10把乒乓球随水一起冲入抽水坐便器，再到户外的第一个检查井处观察，发现小球流出即为合格，说明管道排水很顺畅。

（5）地漏应当安装在地面最低处，地面泼水后，排水顺畅，地面无积水。

图3-10　排水管通球试验

质量小贴士

排水系统最主要的质量关键点是排水顺畅，无返臭，不渗漏，因此，在条件允许的情况下尽量选择管径大的排水管。在下水处安装合适的存水弯是防止返臭的简单易行的办法。图3-11是带有检修口的存水弯，方便定期清除下水管中的淤积物。

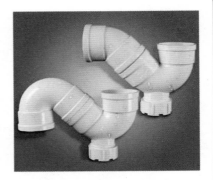

图3-11　带检修口的存水弯

第 **4** 章

电气工程验收

　　电气工程包括电气布线和电气安装两部分。电气布线在水电阶段完成，关系到整个电路的功能实现和安全保障，是一项非常重要的隐蔽工程。电气安装则可以在墙面、顶面、地面工程完成后进行，安全和美观是重要的关注点。

4.1 电气布线

　　电气布线工程包括强弱电箱安装、管线排布等工序，在家用电器越来越多，全社会进入信息化的时代，电气布线工程不仅关系到安全，更关系到功能实现、使用便利等日常生活的方方面面。

　　电气布线的导线线径、线管壁厚、接线盒材质等要符合设计要求和合同约定。

1.施工及验收时段

　　电气布线工程属于隐蔽工程，其验收一般在布线完成后，装修装饰层覆盖前进行。在竣工验收阶段再次验收其供电功能是否正常。

2. 验收清单

电气布线工程质量验收清单见表4-1。

电气布线工程质量验收清单   表4-1

序号	验收项目	验收内容
1	强电箱安装	住宅配电箱规格型号应符合设计要求，部件应齐全，总开关及各分回路开关规格型号应符合设计要求和标准要求，安装高度不应低于1.6m。配电箱回路编号应齐全，标识应正确，箱内开关动作应灵活可靠（图4-1）
2	剩余电流保护器	漏电测试，自动正常跳闸。除壁挂式分体空调插座外的电源插座回路应装设剩余电流动作保护器
3	回路配置	空调电源插座、一般电源插座与照明应分路设计，厨房插座应设置独立回路，卫生间插座宜设置独立回路。室内导线色标统一，并且与配电箱一致（图4-2）
4	穿管布线	室内布线应穿管敷设，不得在住宅顶棚内、墙体及顶棚的抹灰层、保温层及饰面板内直敷布线
5	导线间绝缘检查	接地线截面积与相线、零线相同，导线间和导线对地间绝缘电阻大于0.5MΩ（图4-3）
6	卫生间等电位箱	卫生间原等电位箱不得拆除，局部等电位联结排应与卫生间内金属给排水管、金属浴盆、金属洗脸盆、金属采暖管及上述装置的金属支架、卫生间电源插座的PE线以及建筑物钢筋网连接； 局部等电位联结排与各连接点间应采用多股铜芯有黄绿色标的导线连接，不得进行串联，导线截面积不应小于4mm^2
7	弱电箱安装	家居信息箱规格型号应符合设计要求，箱内功能模块应排列整齐，数据线标号清楚。弱电箱内应包含电源插座和相应的功能模块
8	弱电布线	各弱电线路正常通路。强弱电线路平行铺设时，间距不应少于300mm。交叉铺设时，弱电线路应进行屏蔽处理（图4-4）
9	通路检查	强弱电各线路进行通路检查（图4-5）

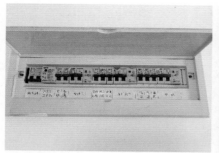

图4-1 配电箱回路标识清楚

图4-2 配电箱导线色标统一

图4-3 导线间、导线与接地之间绝缘电阻大于0.5MΩ

图4-4 电气线路铺设

图4-5　插座相位检查及线路通路检查

3.质量要点

（1）回路配置建议：照明、插座、壁挂空调各自单独回路，导线截面积2.5mm²；厨房、卫生间、柜机各自单独回路，导线截面积4mm²；同一回路的相线、零线、接地线应敷设在同一线管内。

（2）厨房、卫生间等用水位置的地面避免布排线路。

（3）相线、零线、接地线颜色建议：相线用红色等非蓝色单色线，零线用蓝色，接地线用黄绿双色线。全屋导线使用颜色应当一致。

（4）导线穿线管时，导线截面积总和应不大于线管内截面积的40%，当管线长度超过15m或有两个直角弯时，应增设拉线盒，便于后期更换维护（图4-6）。

图4-6　导线截面积总和不超过线管内截面积的40%

（5）导线应在接线盒内连接，连接时宜采用专用连接端子，线管内不得有电线接头（图4-7）。

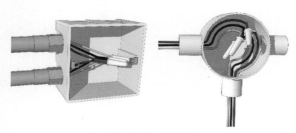

图4-7　导线应在接线盒内连接

（6）强弱电线必须分别穿管，不得穿入同一根管中，建议强弱电线管颜色有区分（图4-8）。

（7）木质护墙板、饰面板高出墙面较多时，装插座时建议加设暗盒，暗盒宜采用金属材质，防止线路高温起火（图4-9）。

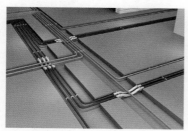 

图4-8　强弱电穿线布管示意图　　图4-9　木质饰面板插座加设金属暗盒

（8）线管转角应弯成弧形，小弯内弧半径不得小于该管外径的6倍（图4-10）。

（9）卫生间等电位盒禁止拆除，保护接线接地良好，联结排与卫生间内各金属物件直接连接，禁止各金属物件串接后再与联结排连接（图4-11）。

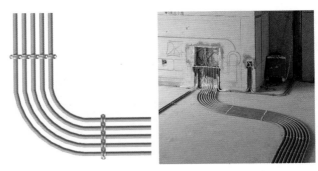

图4-10 线管转角弯曲半径不小于线管外径的6倍

图4-11 等电位联结

质量小贴士

　　电气布线前，一定要计算好用电量，选择合适的回路导线和空气开关，防止后期回路无法承载荷载而跳闸，或者引起火灾。

　　建议冰箱单独设置一个供电回路，便于出门旅游等较长时间不在家时可以单独保持其供电，而关闭其他回路供电，最大限度保证用电安全。

　　电气布线完成后应当留存影像资料，同时索取电气布线图。

4.2 电气安装

电气安装主要包括开关、插座面板、灯具、电器设备安装等。空调、电热水器、冰箱等大功率的家电设备要独立配线，安装专门插座，灯具、开关、插座等产品要选择3C认证的产品。

1.施工及验收时段

电气安装工程一般在装修工程的末尾阶段进行，因此其验收可以在竣工验收时统一进行。

2.验收清单

电气安装工程质量验收清单见表4-2。

电气安装工程质量验收清单 　　　　表4-2

序号	验收项目	验收内容
1	开关安装	相线应经开关控制，单控开关的通断位置应一致，且操作灵活，接触可靠，安装位置端正正确。 厨房、卫生间开关宜设于相应空间门外
2	插座安装	对于单相两孔插座，面对插座的右孔或上孔应与相线连接，左孔或下孔应与中性导体（N）连接；对于单相三孔插座，面对插座的右孔应与相线连接，左孔应与中性导体（N）连接。单相三孔的保护接地导体（PE）应接在上孔。插座安装位置端正正确。安装高度在1.8m及以下的电源插座均应采用带保护门的插座
3	开关插座面板安装标高	位置端正，标高符合设计要求，同一室内面板高差允许偏差5mm，并列安装允许偏差0.5mm（图4-12）
4	灯具安装	安装牢固，无损伤无污染，成排灯间距均匀，平直。重量大于3kg的灯具应直接安装在结构层上，大于10kg的灯具还应进行荷载测试（图4-13）
5	智能化终端	终端设备安装位置正确、牢固

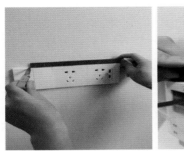

图4-12　开关插座面板高度差测量

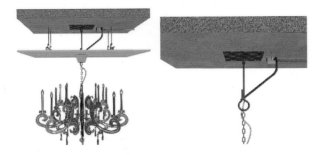

图4-13　重型灯具安装示意图

3.质量要点

（1）1.8m以下应安装带有保护门的插座。保护门是装在插座里的绝缘活动部件，在插头拔出时能自动地将导电插套遮蔽起来，可以防止插头以外的物品接触到插座里的导电插套。

（2）开关插座安装高度应符合设计要求，开关安装位置应便于操作；开关边缘距门框边缘的距离宜为0.15～0.20m；同一室内相同规格、并列安装的插座高度宜一致。图4-14为开关插座位置尺寸图。

（3）洗衣机、分体式空调、电热水器及厨房应选用带开关控制的电源插座，厨房洗涤池下方和周围45cm内、卫生间、未

图4-14 室内开关插座位置尺寸图

封闭阳台及洗衣机应选用防护等级为IP54型防溅型电源插座（图4-15）。

（4）插座安装相线、零线、保护线接线位置正确，可以用相位检测器进行检测。

有些相位检测器还具有漏电开关测试功能和地线带电测试功能。按下试验断电按钮，如果正常跳闸，说明漏电保护开关工作正常，不

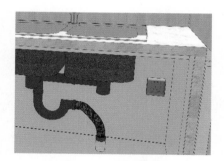

图4-15 防溅型插座

跳闸说明无开关保护功能或者失效。按下地线测试按钮，如果地线测试灯亮，说明地线带电，此插座不可用。

（5）网络线是否通路可以使用网线测试仪进行测试。网线测试仪分别接网线的两端，如果通路，则8个信号灯会依次亮起。

（6）灯具固定应牢固可靠，大于3kg的灯具严禁直接安装在吊顶龙骨上。安装在砌体和混凝土结构上时，严禁使用木模、尼龙塞或塑料塞固定。

（7）访客对讲系统主机和室内分机底边距地面宜为1.3～1.5m。

质量小贴士

　　家用电器插座接地保护线一定不能少，灯具要选择3C认证的产品，距地面1.8m以下要使用带有保护门的插座。

第 5 章

防水工程验收

渗漏水是住宅装饰装修中经常出现的问题，卫生间地面地漏、下水管根处、其他房间临卫生间、厨房的墙壁上是渗漏水易发部位。渗漏水的地方发霉、涂料层脱落，不但影响美观，还有健康隐患，返修时需要砸掉装修层，非常影响生活。因此防水工程是除水电工程外的又一项重要的隐蔽工程，做好防水工程，可以杜绝渗漏，延长房屋使用寿命，避免家具受潮发霉，减少损失。

住宅室内防水工程可选用自粘聚合物改性沥青防水卷材和聚乙烯丙纶复合防水卷材，以及聚合物乳液防水涂料、聚氨酯防水涂料、水乳型沥青防水涂料等水性或反应型防水涂料。

5.1 防水工程施工及验收时段

防水工程属于隐蔽工程，一般在防水工程完成后，装修装饰层覆盖前进行第一次验收，在装修装饰层覆盖后进行第二次验收。第二次验收可以在竣工验收时统一进行。

5.2 防水工程验收清单

防水工程质量验收清单见表5-1。

防水工程质量验收清单 表5-1

序号	验收项目	验收内容
1	防水部位	卫生间、浴室的楼地面应设置防水层，墙面、顶棚应设置防潮层，门口应有阻止积水外溢的措施（图5-1）
2	防水层高度	地面防水层应延伸到墙面，高出地面不少于100mm。浴室墙面防水层高度不低于1800mm
3	防水层蓄水试验	地面防水工程应该做两次蓄水试验，第一次为防水层施工后，第二次为瓷砖铺贴后。每次蓄水高度不小于20mm，蓄水时间不少于24h

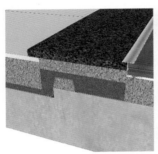

（a）构造示意图　　（b）工艺样板实景图

图5-1　卫生间止水坎构造图

5.3 防水工程质量要点

（1）防水工程基层应当平整光洁，无空鼓、裂缝、麻面和起砂。

（2）基础防水做到管根，立管根部和阴阳角做圆角处理。墙阴角及门槛石处重点使用堵漏王做防渗处理，并做圆弧坡（图5-2）。

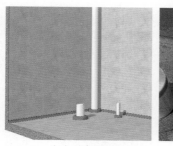

（a）示意图　　　　　　　　　（b）实景图

图5-2　卫生间基层处理

（3）原建筑物的基础防水需认真检查，若有损坏区需全部重做一遍防水。

（4）涂膜防水层与基层应粘结牢固、表面平整、涂刷均匀，不得有流淌、皱折、鼓泡、露胎体和翘边等缺陷。淋浴区墙面防水高度不低于1800mm，背面如果是卧室、客厅的，建议涂刷到结构顶。建议干区地面防水层要延伸到墙面300mm高度，防水效果更好（图5-3）。

图5-3　防水层在墙面的高度

（5）第一次蓄水试验是在防水涂层完成后，蓄水深度最浅处不小于20mm，蓄水时间不小于24h，重点检查楼下及相邻墙体（图5-4、图5-5）。

（a）示意图　　　　　　　（b）实景图

图5-4　卫生间第一次蓄水试验

图5-5　蓄水深度不小于20mm

（6）为检查铺贴瓷砖时是否破坏防水层，在地砖、墙砖铺贴完成后应进行第二次蓄水试验，蓄水深度不小于20mm，蓄水时间不小于24h（图5-6）。

图5-6 卫生间第二次蓄水试验

　　防水工程一定要选择质量有保证的品牌防水材料产品，施工工艺严格按照规范操作，并经蓄水试验合格。

第6章

暖通工程验收

　　住宅装饰装修中涉及的暖通工程主要有中央空调（户式中央空调）、地暖系统（水地暖、电地暖）以及新风系统。其中中央空调和新风系统管线排布一般都在吊顶内完成，若协调不好，容易造成管线相互之间的干扰和冲突，因此安装前要进行管线设计（图6-1）。

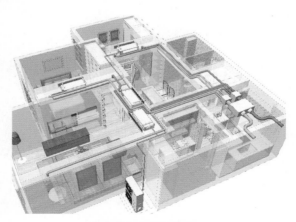

图6-1　住宅室内空调与新风布管示意图

6.1 中央空调安装工程

家用中央空调（VRV室内多联机）由室外机、室内机和冷媒配管三部分组成，一台室外机通过冷媒配管连接到多台室内机，可实现各房间独立调节，满足不同房间不同空调负荷的需求（图6-2）。根据室内机电脑板反馈的信号，控制其向内机输送的制冷剂流量和状态，从而实现不同空间的冷热输出要求。该系统对管材材质、制造工艺、现场焊接等方面要求非常高，且期初投资比较大。

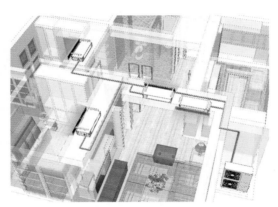

图6-2　中央空调示意图

1.施工及验收时段

中央空调安装工程验收分三次，第一次验收是安装完室内机、冷媒管、冷凝水管、信号线后进行；第二次验收是在安装完室外机、充填冷媒、调试完成后进行；第三次验收是风口安装完成的验收。

2. 验收清单

中央空调安装工程验收清单见表6-1。

中央空调安装工程验收清单 表6-1

序号	验收项目	验收内容
1	电路	空调主机应设有独立供电回路,回路标识正确,带有独立漏电保护器
2	管线敷设	电源线和控制线、通信线应分管布设
3	室外机	(1)室外机应水平安装,位置布置合理,具备足够散热空间和检修空间,回风侧离墙距离不小于500mm,出风侧离阻挡物应不小于2000mm,接管侧离墙面应不小于1000mm。 (2)室外机要远离冷热源。 (3)室外机承载基础应水平,并具有足够的承载能力
4	室内机	(1)室内机应安装牢固、水平。 (2)室内机电器盒一侧离墙距离大于300mm,另一侧离墙距离大于150mm,离顶面距离大于10mm。 (3)节流部件应垂直向上水平安装,避免倒置、倾斜
5	冷凝水管	(1)冷凝水管安装时应保证1%的坡度,长度应尽量短,以免形成管内气阻,导致排水不畅。 (2)水平方向管道支撑间隔应为0.8~1m,并做保温措施
6	冷媒管	(1)冷媒管应外套保温材料,无折弯、变形现象,安装平直。 (2)水平方向冷媒管支撑间隔应为1.2~1.5m,穿墙及支架固定箍卡固定时应增加套管保护。 (3)同管径冷媒管连接应采用胀管方式。 (4)冷媒管气密性试验合格
7	系统试压	冷媒管与室内外机安装后,进行试压实验,保压24h,压力变化不能超过0.05MPa
8	系统试运行	开机运行,排水应顺畅,室内机电控板无故障,机组运行电流和进出风温度在允许范围内

3.质量要点

（1）室外机与基础接触的受力点和安装孔处应添加减振垫，并用螺栓固定牢固。

（2）室内机与墙保持距离是为了保证维修和安装空间。不与顶面直接接触，是为了避免机器运行时与墙顶产生共振。

（3）室内机安装完毕后应包裹防尘罩，以避免灰尘进入机器内部，影响机器运行效果（图6-3）。

图6-3　室内机安装实景图

（4）建议冷凝水管和冷媒管的支架间距统一为1m，既符合安装间距要求，也保证安装后排列整齐美观（图6-4）。

图6-4　冷媒管安装排布实景图

（5）冷媒管配管与内外机不能及时连接时，应进行封口处理，避免灰尘、水分等进入；配管穿墙时应加套管并做封口保护。

（6）冷媒管应采用水平或自上而下的方式进行吹污，以确保管内无杂质，吹污压力 $5kg/cm^2$。

（7）冷凝水管通气口应安装在最高点，通气口应增加2个弯头，使气口朝下，防止灰尘等落入管内，堵塞管道。水平排水管应避免对冲现象，以防排水不畅（图6-5）。

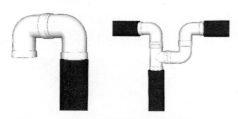

图6-5　冷凝水管通气管设置和防对冲设置

（8）冷凝水管安装完毕后应进行排水试验，确认排水正常、其他地方无渗漏现象。严禁将冷凝水管直接接入室外雨水管或卫生间排水管，防止水流倒灌或者异味上串。

（9）配有提升泵的机型，在提升段不能设置通气口，并且提升管高度应在设备规定的范围之内。

质量小贴士

　　家用中央空调安装涉及吊顶、管线布置，比普通空调要复杂。因此空调安装与水电安装的协调非常重要，一般按照新风管道、中央空调管道、水电管路的安装顺序进行，确保吊顶内管道排列合理有序。

6.2 新风系统安装工程

新风系统是提供新鲜空气的一种空气调节设备，主要由进风口、电机、风机、过滤器、加湿器、风阀、出风口等部件组成。其主要作用是通过风机将室外新鲜空气送到室内，替换室内的污浊空气，从而保持室内空气的新鲜洁净。

随着人们对室内空气质量的日益重视，安装新风系统的家庭越来越多。新风系统适合安装在位于雾霾严重区域（或靠近马路）、户型不通透及通风不畅户型或者周围环境嘈杂、需要常年关窗隔声的空间。

新风系统主要分为三类：

一是单向流新风系统，其工作原理是"强制排风，自然进风"或者"强制送风，自然排风"。"强制排风，自然进风"就是依靠主机强制将室内污浊空气通过送风管道送到室外，同时房间外面新鲜的空气从预先安装好的进气孔进入室内。

二是双向流新风系统，其工作原理是"强制排风，强制送风"，由一组强制送风系统和一组强制排风系统组成，与单向流的区别在于送风形式由自然进风改为强制送风。

三是全热交换新风系统（图6-6），在双向流新风系统的基础上，其主机中增加了全热回收系统。进出的空气都经过安置在主机中的热交换器，进行了预热预冷的能量交换，与空调配合使用，提升了节能水平。

1. 施工及验收时段

新风系统安装工程在完成墙体拆改之后就可以进场，一般与

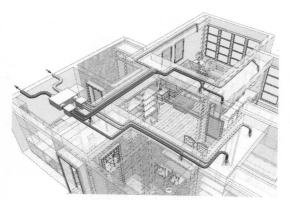

图6-6　全热交换新风系统运行示意图

水电、中央空调同步施工，新风系统的电路设计预留方案由安装公司提供。安装时风管要与水电管道、空调管道做好协调，新风系统风口位置与空调风口位置要经过设计，科学排布。安装完成后，吊顶覆盖前进行验收。

2. 验收清单

新风系统安装工程验收清单见表6-2。

新风系统安装工程验收清单　　　　表6-2

序号	验收项目	验收内容
1	主机安装	（1）安装应固定平稳，有防松动措施和减振措施。 （2）进出风方向正确。 （3）风管与主机的连接处应装设柔性接头，长度宜为150～300mm。 （4）主机应水平安装，与顶棚和吊顶之间应有一定的距离，并应预留检修孔
2	风管安装	主机室外侧风管的安装应符合下列规定： （1）风管的坡度应为1%～2%，并应坡向室外。

序号	验收项目	验收内容
2	风管安装	（2）当采用非金属风管且风管穿外墙时，宜采用金属短管或外包金属套管。 （3）室外侧风管尽可能采用直管。 主机室内侧风管的安装应符合下列规定： （1）距离主机300～500mm处不应变径或加弯头处理，风管应平直。 （2）不同管径风管应采用同心变径管连接，风管走向改变时不应采用90°直角弯头，宜采用45°弯头。 （3）柔性短管的安装应松紧适度，不应扭曲。 （4）可伸缩性金属或非金属软风管的长度不宜超过2m，且不应有死弯或塌凹。 （5）风管不应打孔穿梁，过梁时可采用过梁器（图6-7）
3	风口安装	（1）风口与风管的连接应严密、牢固，边框与建筑饰面应贴实，表面应平整，不应变形，调节应灵活、可靠；条形风口安装的接缝处衔接应自然，不应有明显缝隙。 （2）室外风口安装时，风口与墙壁间的空隙应进行防水密封处理。 （3）同一厅室、房间内的风口安装应排列整齐。 （4）风阀应安装在便于操作及检修的部位，安装后的手动或电动操作装置应灵活、可靠
4	过滤设备安装	（1）独立的新风过滤设备单元应安装在通风器室外侧新风管道上，安装应平整、牢固，方向正确，与管道的连接应严密。 （2）通风器内的过滤设备应安装牢固、方向正确；过滤设备与通风器机体间应严密，无穿透缝
5	系统试运行	开机运行，通风器运转应正常，各风口风量正常，运行时噪声在允许范围内。 CO_2浓度≤0.1%或符合设计要求，$PM_{2.5}$≤75$\mu g/m^3$或符合设计要求

3.质量要点

（1）通风器的安装位置可设置在厨房或卫生间吊顶内，有设备阳台的设置在设备阳台内，这样不影响美观，也可避免噪声影响休息（图6-8）。

（2）室外进风口和排风口之间距离要大于1.5m，防止排出的浊气又被进风口吸入室内；室内送风口和回风口也尽可能远离，防止短路，有利于室内空气循环。

（3）如果厨房安装新风风口，回风口要远离炉灶。

（4）室外进风口要设置在空气干净的区域，离地至少2m，并且远离空调外机风口。室内新风回风口也要远离空调出风口。

（5）风口应有防虫网，室外风口还要有抵御雨水天气、沙尘等措施。室外要使用不锈钢或者耐紫外线的塑料风口。

图6-7 风管过梁时不可在梁上打孔　　图6-8 新风系统安装实景图

质量小贴士

新风系统在安装期间及完成后要做好防尘措施，避免其他装修粉尘进入，影响机器性能。

6.3 采暖工程

家庭采暖一般有地暖和墙暖两种方式。

地暖是地板辐射采暖的简称，是以整个地面为散热器，通过地板辐射层中的热媒，均匀加热整个地面，以达到舒适的采暖目的。低温水辐射地面采暖和发热电缆电热采暖是地面辐射式供暖的两种采暖方式。

墙暖是以散热器为主的采暖方式，钢制散热器、铜铝复合散热器、铝制散热器等是目前市场上主流的散热器。利用壁挂炉或者锅炉将水进行循环加热，通过管材输送到散热器，最终通过散热器将合适的温度输出。

本节以低温水辐射地面采暖工程为例讲述家庭采暖工程验收主要内容（图6-9）。

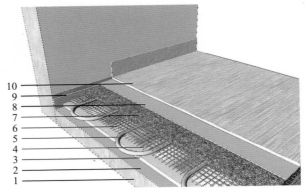

图6-9　低温水辐射地面采暖工程构造示意图
1—楼板或与土壤接触地面；2—防潮层（与土壤接触地面设置）；
3—泡沫塑料绝热层；4—反射膜；5—地暖热水管；6—钢丝网；
7—豆石混凝土填充层（水泥砂浆混凝土找平层）；8—防潮隔离
层（对于潮湿房间）；9—侧面绝热层；10—地面面层

1.施工及验收时段

采暖工程一般在水电、中央空调、新风系统以及吊顶、墙砖完成后进行施工。地面加热管安装完成后、混凝土回填前进行第一次验收，混凝土回填后验收一次水压，安装完成时进行系统试运行验收。

2. 验收清单

低温水辐射地面采暖工程质量验收清单见表6-3。

低温水辐射地面采暖工程质量验收清单
表6-3

序号	验收项目	验收内容
1	集配装置（分水器、集水器）	安装位置正确，安装牢固、水平
2	绝热层	（1）侧面绝热层材料采用高发泡聚乙烯泡沫塑料时，厚度不宜小于10mm；采用密度不小于20kg/m³的模塑聚苯乙烯泡沫塑料板时，其厚度应为20mm。 （2）地面绝热层厚度应根据绝热材料性能和供暖房间所处热工环境确定，验收时厚度应符合设计要求
3	地暖盘管	（1）地面下敷设的盘管埋地部分不应有接头，不得有扭曲和"死折"现象。 （2）加热盘管管径、间距和长度应符合设计要求。间距偏差不大于±10mm
4	水压试验	水压试验压力应为工作压力的1.5倍，且不应小于0.6MPa。在试验压力下，稳压1h，其压力降不应大于0.05MPa，且不渗不漏。隐蔽前后均应进行一次水压试验
5	锅炉	安装牢固，安装位置符合设计和使用要求
6	系统试运行	地暖工程的试运行调试，应在施工完毕且养护期满后，在具备正常供暖的条件下，由施工单位在业主配合下进行。系统调试完成后，宜对下列性能参数进行检测：地面表面平均温度、室内空气温度、进出口水温，以上参数应符合设计要求

3. 质量要点

（1）材料、设备及附属材料应进行进场验收，如有异议应在此时提出。

（2）主管道、支管道、地暖管道施工完成后应进行现场验收。

（3）侧面绝热层高发泡聚乙烯泡沫塑料（不小于10 mm厚）沿墙粘贴，要求平整且搭接严密。

（4）作业面超过30m²或一边长度超过 6m，以及内外墙、柱和过门处要设置伸缩缝，伸缩缝设置要符合标准（图6-10）。

（5）地暖盘管（图6-11）：

①必须为地热管专用管，应保持平直，平整度为 ± 5 mm，安装间距误差不应超过10mm。

②使用扎带和卡钉固定地暖管。

③使用固定卡保持地暖管弯头两端的固定，弯曲管段固定卡间距宜为200～300 mm，直线段间距离宜为500～700 mm。

图6-10　地暖伸缩缝设置　　　图6-11　地暖盘管安装实景图

（6）分水器、集水器上均应设置支路阀门及自动或手动排气装置（图6-12）。

（7）混凝土填充层施工时，必须铺设钢丝网，同时加热管内水压不应低于0.6MPa，填充层养护阶段，系统水压不应低于0.4MPa（图6-13）。

（8）加热管与集配装置阀门应用专用管件连接。

（9）室温控制器安装位置应与房间照明开关等高。

（10）冷热水送至锅炉下方的指定位置，锅炉位置要留电源插座。

（11）新安装的地暖系统内可能因空气未完全排尽，偶有水流声或压力下降到一定值，属于正常情况，可通过排气、补水解决。

图6-12　分水器、集水器实景图

图6-13　地暖安装混凝土填充施工实景图

质量小贴士

　　地暖是典型的三分产品七分施工，施工队的施工水平是影响地暖质量的重要因素，因此一定要选择专业规范并且具有较好售后服务能力的施工队伍，以保障自身的权益。本建议同样适用于前面的中央空调和新风系统。

第 7 章

墙面装修工程验收

7.1 墙面涂饰工程

涂饰工程是住宅装饰装修中应用最多的分项工程，应用于客厅、餐厅、卧室、书房等空间的装修。涂饰工程材料主要包括水性涂料、溶剂型涂料。乳胶漆是住宅装饰装修中最常用的水性涂料。本节涂饰工程是指乳胶漆涂饰。

1.施工及验收时段

涂饰工程的材料、基层处理应在涂刷乳胶漆前作为隐蔽工程进行验收，第二次验收在涂饰工程完成后或在竣工时统一验收。

2.验收清单

涂饰工程质量验收清单见表7-1。

涂饰工程质量验收清单 表7-1

序号	验收项目	验收内容
1	材料	涂料的品种、型号和性能符合设计要求及国家现行标准的规定

序号	验收项目	验收内容
2	基层处理	（1）新建建筑物的混凝土或抹灰基层在用腻子找平前应涂刷抗碱封闭底漆。 （2）既有建筑墙面在用腻子找平前应清除疏松的旧装修层，并涂刷界面剂。 （3）混凝土或抹灰基层在用溶剂型腻子找平时，含水率不得大于8%；在用乳液型腻子找平时，含水率不得大于10%；木材基层含水率不得大于12%。 （4）石膏板基层，接缝及裂缝处应贴加强网布后再刮腻子，钉帽处点涂防锈漆。 （5）基层腻子应平整、坚实、牢固，无粉化、起皮、空鼓、疏松、裂缝
3	允许偏差	立面垂直度允许偏差3mm，平整度允许偏差3mm，方正度允许偏差3mm
4	装饰线、阴阳角	装饰线、粉刷线平直，阴阳角线条清晰
5	裂缝、空鼓	无裂缝、空鼓
6	观感质量	无划痕、污染、漏涂、透底、开裂、起皮和掉粉，无泛碱、咬色，无流坠、疙瘩，刷纹通顺

3.质量要点

（1）石膏板基层涂饰时，石膏板螺钉帽必须进行防锈点漆处理，防锈漆干透后，再批一道防锈腻子进行加强处理。接缝贴防裂布，阴阳角贴阴阳角条（图7-1）。

（2）新建筑物的混凝土或抹灰基层在用腻子找

图7-1 石膏板基面的涂饰工程基层处理

平或直接涂饰涂料前应涂刷抗碱封闭底漆。既有建筑墙面在用腻子找平或直接涂饰涂料前应清除疏松的旧装修层，并涂刷界面剂，增加基层防裂网及绷带。封闭底漆或界面剂干燥后，满刮腻子两遍，打磨平整光滑（图7-2）。

（3）如果原始墙体基层不平整，应当先进行找平。可以通过水泥砂浆或者粉刷石膏等材料找平。如果找平厚度超过20mm，宜采用粘贴石膏板找平或做单面石膏板隔墙。

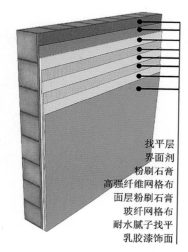

找平层
界面剂
粉刷石膏
高强纤维网格布
面层粉刷石膏
玻纤网格布
耐水腻子找平
乳胶漆饰面

图7-2　粉刷石膏找平防裂基层处理分层示意图

（4）乳胶漆质量检查：无划痕，无流挂，无污迹，双色界面平直分明（图7-3）。

图7-3　用靠尺进行墙面平整度验收

质量小贴士

涂饰工程施工宜在现场环境温度5～35℃时进行，注意通风换气和防尘。遇到壁癌，一定要先处理漏水、潮湿等问题，才能再重新粉刷。

7.2 墙面裱糊工程

裱糊工程是指将壁纸、墙布、金属箔材等薄型材料，粘贴装饰于顶棚、墙面的基层上，提高观感质量，属于高档装修中重要的分项工程（图7-4）。

图7-4 墙布背景墙

1.施工及验收时段

裱糊工程的第一次验收应该在壁纸、墙布粘贴之前，验收裱糊材料的品牌、规格型号和基层的处理，第一次验收应作为隐蔽工程进行验收。第二次验收在裱糊工程完成后或在竣工时统一验收，验收裱糊面层观感质量。

2.验收清单

裱糊工程质量验收清单见表7-2。

裱糊工程质量验收清单　　　　　表7-2

序号	验收项目	验收内容
1	材料	壁纸、墙布的种类、规格、图案、颜色和燃烧性能等级应符合设计要求及国家现行标准的规定
2	基层处理	（1）新建建筑物的混凝土或抹灰基层在用腻子找平前应涂刷抗碱封闭底漆。 （2）既有建筑墙面在用腻子找平前应清除疏松的旧装修层，并涂刷界面剂。 （3）混凝土或抹灰基层在用溶剂型腻子找平时，含水率不得大于8%；在用乳液型腻子找平时，含水率不得大于10%。 （4）石膏板基层，接缝及裂缝处应贴加强网布后再刮腻子，钉帽处点涂防锈漆。 （5）基层腻子应平整、坚实、牢固、无粉化、起皮、空鼓、疏松、裂缝和泛碱。 （6）基层表面颜色一致。 （7）裱糊前应用封闭底胶涂刷基层
3	拼接质量	裱糊后各幅拼接应横平竖直，拼接处花纹、图案应吻合，应不离缝、不搭接、不显拼缝，壁纸、墙布阴角处应顺光搭接，阳角处应无接缝
4	粘贴质量	壁纸、墙布应粘贴牢固，不得有漏贴、补贴、脱层、空鼓和翘边
5	允许偏差	立面垂直度允许偏差3mm，表面平整度允许偏差3mm，阴阳角方正度允许偏差3mm
6	与其他材料搭接质量	壁纸、墙布与装饰线、踢脚板、门窗框的交接处应吻合、严密、顺直。与墙面上电气槽、盒的交接处套割应吻合，不得有缝隙

序号	验收项目	验收内容
7	压花质量 （压花壁纸适合）	复合压花壁纸的压痕及发泡壁纸的发泡层应无损坏
8	裱糊胶粘剂	裱糊胶粘剂要环保、与产品配套、按要求施工，涂刷均匀，无流坠，边角无漏刷
9	观感质量	表面色泽应一致，不得有斑污，斜视时应无胶痕。边缘应平直整齐，不得有纸毛、飞刺

3. 质量要点

（1）裱糊基层腻子平整度≤3mm。

（2）基层应当先清除杂质和浮灰，基层干燥度含水率小于12%，有凹凸不平及裂缝的墙面，要批刮腻子，并打磨平整。若是板材类的墙面，则要将接缝用AB胶补平，以免影响贴壁纸后的外观。基层颜色要保持一致，避免铺贴壁纸后出现色差（图7-5）。

（3）贴墙纸前一般要先在墙面涂刷一层基膜，可以固化和保护腻子表层，加强墙体的防霉功能。裱糊工程使用的胶粘剂应按壁纸和墙布的类型进行选择，应具有防霉、防腐以及耐久等性能。

（4）壁纸贴好后要注意室内空气湿度不能过高或过低。在潮湿天气里，宜关闭门窗，并开启除湿设备。在干燥天气里，则应当全天关

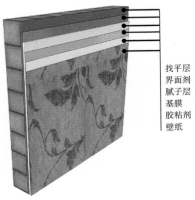

找平层
界面剂
腻子层
基膜
胶粘剂
壁纸

图7-5 墙面裱糊工程分层示意图

闭好门窗，防止墙纸因迅速失水而收缩干裂。

（5）为了使墙布接缝处的边边角角不易脱落，务必涂上白胶（树脂）补强。

　　裱糊工程基层处理很重要，基层的细微瑕疵很容易通过壁纸显现出来，因此基层必须平整、光滑、坚实。

7.3 墙面饰面砖工程

　　墙面饰面砖工程主要指陶瓷砖、石材、微晶玻璃砖等块材粘贴，是住宅装饰装修中的重要施工内容。陶瓷砖、石材是室内装修常用的材料，墙面砖施工要根据陶瓷砖或石材的不同类型选择合适的施工工艺。卫生间、厨房以及设有配水点的生活阳台一般采用墙面饰面砖进行装饰。

1.施工及验收时段

　　饰面砖工程应在水电等隐蔽工程、基层抹灰施工完毕（有防水层的还应等防水层施工完毕）并验收合格后进行。饰面砖工程完成后应当进行验收。

2.验收清单

　　图7-6为墙面饰面砖工程验收实景图，墙面饰面砖工程质量验收清单见表7-3。

3.质量要点

　　（1）墙面基层检查：包括抹灰强度及空鼓、方正度检查，墙

图7-6　墙面饰面砖工程质量验收实景图

墙面饰面砖工程质量验收清单　　　　　　　　表7-3

序号	验收项目	验收内容
1	材料	墙面饰面砖的品种、规格、图案、颜色和性能应符合设计要求、合同约定及国家现行标准的有关规定
2	粘贴	墙面饰面砖粘贴应牢固
3	允许偏差	立面垂直度允许偏差2mm，表面平整度允许偏差3mm，阴阳角方正度允许偏差3mm
4	接缝	墙砖接缝宽度适合，平直、光滑，填嵌连续、密实
5	裂缝、空鼓	粘结牢固。墙饰面砖无裂缝，大面和阳角应无空鼓
6	套割	凸出物周围的饰面砖应整砖套割吻合，边缘应整齐。墙裙、贴脸凸出墙面的厚度应一致
7	观感质量	表面洁净，图案清晰，色泽一致，阴阳角处压向正确，非整砖使用部位适宜。开关插座面板无骑砖缝开孔

砖位置预排前检查；阳台保温层及外墙漆应全部铲除。

（2）玻化砖等瓷质砖吸水率低，使用普通水泥砂浆粘贴容易空鼓，应使用专用瓷砖胶进行粘贴（图7-7）。

（3）墙面瓷砖采用硬底施工法时，水泥砂浆完成打底后，需将打底层完全干燥，通常夏季需2～3d，冬季应一周以上，否则底部易龟裂，使瓷砖出现空鼓现象。

（4）瓷质砖粘贴前不需要泡水，而是涂刷专用背胶，以增强粘结力。

（5）铺贴瓷砖遇到转角时，通常会利用收边条或将瓷砖进行45°倒角加工处理，再进行贴合，形成海棠角（图7-8）。

图7-7 玻化砖专用瓷砖胶　　　　　**图7-8 瓷砖阳角海棠角工艺**

（6）防水层的墙面基层要使用柔性基层界面处理剂对柔性防水层做界面拉毛处理（图7-9）。

（7）瓷砖用十字卡，做到缝隙均匀（图7-10）。瓷砖缝隙控制和平整度也可以借助于标注工具，平整度更易控制（图7-11）。

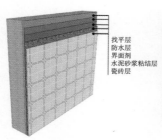

找平层
防水层
界面剂
水泥砂浆粘结层
瓷砖层

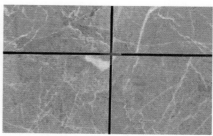

图7-9 墙面饰面砖工程分层　　　　**图7-10 十字卡定位控制砖缝**
　　　　示意图

（8）墙砖应在水泥初凝后，用清水将砖面洗干净再进行填缝，防止砖缝脏污而影响美观。

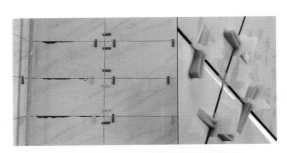

图7-11　利用找平工具控制砖缝和平整度

（9）石材

①遇到墙面转角时，两片石材的交接处倒斜角拼贴，再进行填缝修饰。

②对于较重、较厚等石材，应采用干挂施工工艺进行铺贴，提高安全性。

（10）墙面贴、陶瓷锦砖（马赛克）应采用薄贴工艺，墙面基层需做抹灰找平施工。

质量小贴士

铺贴前要进行排线放样，墙砖铺贴才能平整美观。

观察墙砖接缝宽度是否适合，填嵌连续、密实，用靠尺检测墙面是否平整、垂直，使用检验锤敲击墙面是否有空鼓情况。

7.4 集成墙板

集成墙板是近几年新兴的一种墙面装修材料，具有隔热、保温、防潮、耐腐蚀、易清洁、易安装、绿色环保等优点。

1.施工及验收时段

集成墙板安装一般在涂饰工程、地板安装完成后进行，安装完成后即可进行验收。

2.验收清单

集成墙板安装质量验收清单见表7-4。

集成墙板安装质量验收清单　　　　　　　　　表7-4

序号	验收项目	验收内容
1	材料	墙板的品种、规格、颜色、性能、燃烧性能等级、甲醛释放量应符合设计要求和国家现行标准的规定
2	连接	集成墙板、龙骨、主体结构应连接牢固，龙骨间距及固定点应满足设计文件要求
3	观感质量	集成墙板表面应平整、洁净、色泽均匀，不应有裂痕、磨痕、翘曲、裂缝和缺损；有纹理、方向要求的产品，纹理和方向应符合设计要求

3.质量要点

（1）集成墙板安装前，墙体内管线及填充材料的安装应通过隐蔽工程的验收。

（2）集成墙板的连接固定优先选用扣件、螺钉等固定方式，尽量减少胶粘方式固定。

（3）墙板的安装宜采用先大面墙，后细部边角的安装顺序。

质量小贴士

在家装市场上比较常见的集成墙板有竹木纤维板、石塑墙板，工装市场上用得比较多的有硅酸钙板。近些年来，各种价格的此类产品很多，选用时一定要查验环保检测报告和质量检测报告，以防使用到劣质产品（图7-12）。

图7-12　集成墙板墙面实景图

第 **8** 章

顶面装修工程验收

8.1 石膏板吊顶工程

石膏板吊顶主要用于隐蔽室内管道、线路，增加顶棚的美感，对室内空间的高度有一定的要求。住宅室内净高较矮，一般都在3m以内，除厨房、卫生间等较小空间外，要避免使用大面积的吊顶。

1.施工及验收时段

吊顶工程一般在水电工程、抹灰工程完工并通过质量验收后进行施工。吊杆、龙骨的安装作为隐蔽工程在石膏板安装前验收，涂饰工程前验收石膏板整体安装质量。

2.验收清单

石膏板吊顶工程质量验收清单见表8-1。

石膏板吊顶工程质量验收清单 表8-1

序号	验收项目	验收内容
1	造型、尺寸	吊顶标高、尺寸、起拱和造型符合设计要求
2	安装牢固	吊杆、龙骨和面板的安装应牢固

序号	验收项目	验收内容
3	吊杆和龙骨	吊杆和龙骨的材质、规格、安装间距及连接方式应符合设计要求。金属吊杆和龙骨应经过表面防腐处理;木龙骨应进行防腐、防火处理
4	石膏板安装	石膏板接缝应按照施工工艺标准进行板缝防裂处理。安装双层板时,面层板和基层板的接缝应错开,并不得在同一根龙骨上接缝
5	允许偏差	表面平整度允许偏差3mm,水平度允许偏差3mm,阴阳角顺直,方正度允许偏差2mm,缝格、凹槽直线度允许偏差不大于3mm
6	吊顶面层各种设备面板安装	面板上的灯具、烟感器、喷淋头、风口算子和检修口等设备设施的位置应合理、美观,与面板的交接应吻合、严密
7	观感质量	面层材料表面应洁净、色泽一致,不得有翘曲、裂缝及缺损。压条应平直,宽窄一致

3. 质量要点

(1)顶面组框基础牢固,特殊附加组件(窗帘盒、灯箱、滑道灯、组合水晶大吊灯)要有独立加固件。

(2)吊杆应垂直,间距不大于1200mm,且在一条直线上。主龙骨间距不大于1200mm。过道吊顶主龙骨不少于2根(图8-1)。

吊杆
吊件
主龙骨
挂件
次龙骨
石膏板

图8-1 石膏板吊顶结构示意图

（3）石膏板固定必须用自攻螺钉，板边钉距不大于200mm，板中间钉距不大于300mm。螺钉头宜略埋入板面，但不得损坏纸面，钉帽进行防锈处理。石膏板接缝采用V字形接缝（图8-2）。

（4）双层石膏板应当错缝安装，且不得在一根龙骨上。转角处使用L形整块石膏板，避免转角处开裂（图8-3）。

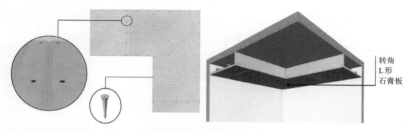

转角L形石膏板

图8-2 石膏板接缝与自攻螺钉安装示意图   **图8-3 转角处采用L形整块石膏板安装**

（5）空调风口采用双层石膏板，避免因风口受力大、潮湿带来的开裂问题（图8-4）。

图8-4 石膏板吊顶空调风口处理

质量小贴士

顶面若安装石膏顶角线、装饰线时，其木质基层应结合螺钉固定（图8-5、图8-6）。

图 8-5　石膏板吊顶施工实景图

图 8-6　石膏板吊顶施工完成图

8.2 集成吊顶工程

近年来，随着装配化装修的兴起，集成吊顶发展迅速。集成吊顶将顶面空间的照明、换气、取暖以及装饰功能集为一体，功能齐全，美观实用，主要应用于厨房、卫生间（图8-7）。

1.施工及验收时段

集成吊顶工程一般在厨房、卫生间水电工程、墙面饰面工程完成并验收合格后进行，验收时要查验产品性能检测报告和产品质量检测合格证，安装完成后验收整体吊顶质量。

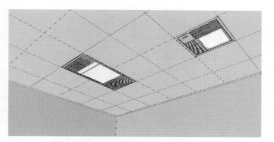

图8-7 集成吊顶效果示意图

2.验收清单

集成吊顶工程质量验收清单见表8-2。

集成吊顶工程质量验收清单 表8-2

序号	验收项目	验收内容
1	平整度	平整度允许偏差2mm
2	水平度	水平度允许偏差3mm
3	接缝、压条直线度	接缝平直，板块之间无明显高低差。直线度允许偏差2mm，压条直线度允许偏差1mm
4	运行测试	各功能模块以最大功率运行平稳后，不应有异常噪声和振动
5	观感质量	表面无划痕、污染、折裂、缺棱、掉角、锤伤，色泽一致。设备口、灯具的位置布置合理。套割尺寸准确，边缘整齐，不露缝

3.质量要点

（1）换气模块设计时尽量靠近出风口，尽可能减少风管长度和弯曲。

（2）取暖模块远离窗帘、木材和室内其他可燃性材料。

（3）吊顶内电气布线时要绕开功能模块和其他发热部位（图8-8～图8-10）。

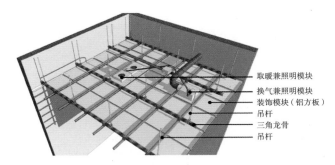

取暖兼照明模块
换气兼照明模块
装饰模块（铝方板）
吊杆
三角龙骨
吊杆

图8-8　集成吊顶结构示意图

图8-9　集成吊顶龙骨安装实景图

图8-10　集成吊顶安装完成实景图

质量小贴士

　　集成吊顶一般由专业厂家生产和安装，购买时一定索要产品性能检测报告和产品质量检测合格证。

第 9 章
地面装修工程验收

9.1 地面饰面砖工程

地面饰面砖工程主要指地面陶瓷砖、石材的铺装，是客厅、餐厅、厨房、卫生间、阳台等地面的主要装饰手段。地面饰面砖铺装面积大，对人的视觉影响力强，使用频率高，对整体装修工程质量影响大。

1. 施工及验收时段

地面饰面砖工程一般在地面管道、电路等隐蔽工程、吊顶工程、墙面抹灰工程完成并验收合格后进行，或与墙面饰面砖工程同步进行，地面饰面砖工程完成后应当进行验收。

2. 验收清单

图 9-1 为地面饰面砖工程验收实景图。地面饰面砖工程质量验收清单见表 9-1。

3. 质量要点

（1）仔细阅读地砖说明书，不同品牌地砖的铺贴方法不一样，有的地砖不能泡水，有的地砖必须泡水。对于需要泡水的地

图9-1　地面饰面砖工程验收实景图

地面饰面砖工程质量验收清单　　　　　　　表9-1

序号	验收项目	验收内容
1	材料	地面饰面砖的品种、规格、图案、颜色和性能应符合设计要求、合同约定及国家现行标准的有关规定
2	粘结质量	饰面砖粘结应牢固，无空鼓（单块砖边角允许有局部空鼓，但每自然间的空鼓砖不应超过总数的5%）
3	观感质量	表面洁净，图案清晰，色泽一致，接缝平整，深浅一致，周边应顺直。砖块无裂纹、掉角、缺棱。接缝应平直、光滑、均匀，填嵌应连续、密实
4	踢脚线	踢脚线表面应洁净，与柱、墙面的结合应牢固。踢脚线高度及出柱、墙厚度应符合设计要求，且均匀一致
5	楼梯踏步	楼梯、台阶踏步的宽度、高度应符合设计要求。踏步饰面砖的缝隙宽度应一致；楼层梯段相邻踏步高度差不应大于10mm；每踏步两端宽度差不应大于10mm，旋转楼梯梯段的每踏步两端宽度的允许偏差不应大于5mm。踏步面层应做防滑处理，齿角应整齐，防滑条应顺直、牢固
6	地漏安装	地漏安装必须平整牢固，与管道结合处应严密牢固，排水顺畅，无渗漏；与瓷砖套割整齐（图9-2为地漏与瓷砖结合的一种方法）
7	坡度	卫生间地面向地漏方向应设排水坡度，排水坡度应符合设计要求，不得有倒坡和积水现象

序号	验收项目	验收内容
8	允许偏差	平整度允许偏差2mm,缝格平直度允许偏差3mm,接缝高低差允许偏差0.5mm,踢脚线上口平直度允许偏差3mm,接缝宽度2mm

图9-2 地砖对角裁开与地漏拼接,形成了一定的坡度

砖一定要泡足时间。

(2)无缝砖铺贴时应该留缝,留缝太小或无缝铺贴容易引起地砖开裂、起拱。图9-3采用专门的工具,保证了地砖留缝均匀,平整度可控。

图9-3 利用找平器进行地砖铺贴

（3）卫生间地砖铺贴时，应该向着地漏处倾斜，以地漏的排水处为最低处。地漏安装时，地漏与地面之间的缝隙应当密封，防止异味从缝隙散出。图9-4是卫生间地砖地面的结构分层示意图。

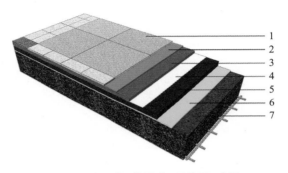

图9-4　卫生间地面饰面砖工程分层示意图

1—地砖面层；2—砂浆粘结层；3—水泥砂浆保护层；4—涂膜防水层；5—细石混凝土垫层；6—界面剂；7—原建筑混凝土楼板

（4）铺贴基层材料要符合设计要求，铺贴厚度符合要求。

（5）石材属于较重材料，大面积使用时容易超过地板的承载能力，建议使用石材时选择厚度小于10mm的薄型材料。石材铺装前应保持清洁无污物，浸水湿润后阴干，在背面及四边涂刷防护剂，静置至少1h后铺贴。

质量小贴士

地砖铺贴要留缝，避免发生膨胀挤压脱落。水泥砂浆比例正确，混合要均匀，避免出现空鼓。卫生间、厨房间、阳台等有水区域宜采用湿贴，地砖干铺会造成底部积水。

9.2 木地板工程

木地板施工简便、装饰效果好，是卧室、书房等地面装修的理想材料。木地板主要分为实木地板（实木地板、实木集成地板、竹地板）、实木复合地板、复合木地板（浸渍纸层压木质地板），安装方法也有所不同。实木地板安装有空铺龙骨法和实铺胶粘法两种，复合地板安装方法比较简单，实铺拼装即可。

1.施工及验收时段

铺装木地板应在地面隐蔽工程、吊顶工程、墙饰面工程、门窗工程均已完成并验收合格后进行，铺装完成后进行木地板工程的质量验收。

2.验收要点

图9-5为木地板工程验收实景图。

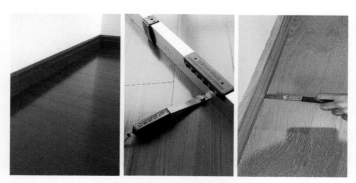

图9-5 木地板工程质量验收实景图

实木地板、实木集成地板、竹地板工程质量验收清单见表9-2。

实木地板、实木集成地板、竹地板工程质量验收清单　　表 9-2

序号	验收项目	验收内容
1	进场验收	实木地板、实木集成地板、竹地板面层采用的地板品种、规格、胶粘剂应符合设计要求和合同约定，具有有害物质限量合格的检测报告
2	木搁栅、垫木和垫层地板	木搁栅、垫木和垫层地板等应做防腐、防蛀处理，木搁栅安装应牢固、平直
3	铺设质量	面层铺设应牢固，粘结应无空鼓、松动
4	观感质量	（1）实木地板、实木集成地板面层应刨平、磨光，无明显刨痕和毛刺等现象；图案应清晰，颜色应均匀一致。竹地板板面应无翘曲。 （2）面层缝隙应严密，接头位置应错开，表面应平整、洁净。 （3）面层采用粘、钉工艺时，接缝应对齐，粘、钉应严密；缝隙宽度应均匀一致；表面应洁净，无溢胶现象。 （4）踢脚线应表面光滑，接缝严密，高度一致
5	允许偏差	板面缝隙宽度允许偏差 0.5mm，表面平整度允许偏差 2mm，踢脚线上口平直度允许偏差 3mm，板面拼缝平直度允许偏差 3mm，相邻板材高低差允许偏差 0.5mm，踢脚线与面层的缝隙允许偏差 1mm

　　实木复合地板是由不同树种的板材交错层压而成，是从实木地板家族中衍生出来的木地板种类。实木复合地板表层为优质珍贵木材，涂以优质 UV 涂料，芯层大多采用速生木材，成本相对于整块实木地板大为降低，越来越成为家装的主流地板。实木复合地板工程质量验收清单见表 9-3。

实木复合地板工程质量验收清单　　表 9-3

序号	验收项目	验收内容
1	进场验收	实木复合地板面层采用的地板品种、胶粘剂等应符合设计要求和合同约定，具有有害物质限量合格的检测报告

序号	验收项目	验收内容
2	木搁栅、垫木和垫层地板	木搁栅、垫木和垫层地板等应做防腐、防蛀处理，木搁栅安装应牢固、平直
3	铺设质量	面层铺设应牢固，粘结应无空鼓、松动
4	观感质量	（1）实木复合地板面层图案和颜色应符合设计要求，图案应清晰，颜色应一致，板面应无翘曲。 （2）面层缝隙应严密，接头位置应错开，表面应平整、洁净。 （3）面层采用粘、钉工艺时，接缝应对齐，粘、钉应严密；缝隙宽度应均匀一致；表面应洁净，无溢胶现象。 （4）踢脚线应表面光滑，接缝严密，高度一致
5	允许偏差	板面缝隙宽度允许偏差0.5mm，表面平整度允许偏差2mm，踢脚线上口平直度允许偏差3mm，板面拼缝平直度允许偏差3mm，相邻板材高低差允许偏差0.5mm，踢脚线与面层的缝隙允许偏差1mm

　　复合木地板，也叫强化木地板，国家标准名称叫浸渍纸层压木质地板，由耐磨层、装饰层、高密度基材层、平衡（防潮）层组成。耐磨层具有抗磨的作用，使得地板经久耐用；装饰层是一层或多层浸渍热固性氨基树脂的具有装饰图案的专用纸，可以使得复合地板模仿各种木材肌理；高密度基材层是刨花板、高密度纤维板等人造板基材；平衡层，又叫防潮层，采用热固压树脂装饰层压板、浸渍胶膜纸或单板，有防潮和稳定地板尺寸的作用。复合木地板工程质量验收清单见表9-4。

复合木地板工程质量验收清单 表9-4

序号	验收项目	验收内容
1	进场验收	复合木地板面层采用的地板、胶粘剂等应符合设计要求和合同约定，具有有害物质限量合格的检测报告
2	木搁栅、垫木和垫层地板	木搁栅、垫木和垫层地板等应做防腐、防蛀处理；其安装应牢固、平直，表面应洁净
3	铺设质量	面层铺设应牢固、平整，粘贴应无空鼓、松动
4	观感质量	（1）图案和颜色应符合设计要求，图案应清晰，颜色应一致，板面应无翘曲； （2）面层的接头应错开，缝隙应严密，表面应洁净； （3）踢脚线应表面光滑，接缝严密，高度一致
5	允许偏差	板面缝隙宽度允许偏差0.5mm，表面平整度允许偏差2mm，踢脚线上口平直度允许偏差3mm，板面拼缝平直度允许偏差3mm，相邻板材高低差允许偏差0.5mm，踢脚线与面层的缝隙允许偏差1mm

3.质量要点

（1）木地板面层铺设时，相邻地板接头位置应错开不小于300mm的距离，与柱、墙之间留不小于10mm的空隙，防止热胀冷缩挤压。踢脚线应覆盖住空隙（图9-6）。

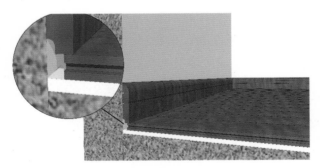

图9-6 踢脚线与地板的衔接

（2）踢脚线出墙厚度一致，上口平直，与门套线衔接美观，厚度不得高于门套线或收口线的厚度（图9-7）。

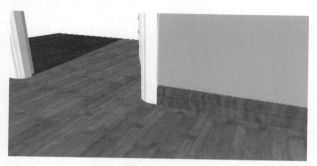

图9-7　踢脚线与门套线的衔接

（3）底层较潮湿位置铺木地板时，应当做好防潮措施。防潮垫拼接处应当使用胶带粘结密封。

（4）地板在与卫生间、厨房、阳台等潮湿区域的交接处应做好防水隔离处理，具体可参考第5章中的做法。

质量小贴士

铺装木地板应保持室内温度和湿度的稳定性，尽量避免在阴雨等气候条件下施工。木地板运到现场后，应拆包存放一个星期以上，达到木地板与施工现场温度、湿度的相适应。图9-8为木地板工程的工艺样板实景图。

图9-8　木地板工程的工艺样板实景图

第 **10** 章

门窗工程验收

10.1 室内门工程

室内门工程包括门套和门的安装，主要由专业厂家生产成品门并进行安装。装修公司对门安装基层进行处理，以达到安装的基面要求。门的材质和类型的选择，应依据使用的需求决定。

1.施工及验收时段

门工程一般在油漆工程第一遍腻子完成后进行，以保证门套与墙体之间缝隙均匀，并且在油漆工程第二遍腻子时把缝隙填满，确保门套安装的美观。

门工程完成后即可进行验收。

2.验收清单

图10-1为室内门工程质量验收实景图。

室内门工程质量验收清单见表10-1。

3.质量要点

（1）门安装可以在地板铺装前，也可以在地板铺装后。本书建议在地板铺装后进行门的安装，可以很好地控制门底缝的宽

图 10-1　室内门工程质量验收实景图

室内门工程质量验收清单　　　　　　　　　　　　表 10-1

序号	验收项目	验收内容
1	品种、规格、尺寸	门的品种、类型、规格、尺寸、开启方向、安装位置、连接方式及性能符合设计要求和合同约定以及国家现行标准的有关规定
2	门框	（1）门框的安装应当牢固，门框的固定点数量、位置和固定方法符合设计要求。 （2）同一户内的多个室内门框上口标高应符合设计要求或者一致。 （3）门框正面、侧面垂直度允许偏差 2mm
3	门扇与框接缝	门扇与框缝隙适度均匀、密合。门扇关闭时与地面缝隙 4～8mm
4	五金件	合页、铰链、门锁、拉手、插销、小五金、门吸无损坏、凹痕、铁锈、划痕，安装无松动，门锁开关灵活自如、平稳无噪声
5	开启功能	开关灵活，关闭严密，无倒翘
6	观感质量	门及门窗套表面平整、洁净，线条顺直，接缝严密，色泽一致，不得有裂缝、翘曲及损坏。门套线与墙体表面密合
7	门套安装允许偏差	正面、侧面垂直度允许偏差为 3mm，门套上口水平度允许偏差为 1mm，上口直线度允许偏差为 3mm

度。地板铺装后安装门要注意做好地板保护。

（2）门扇与门框之间的竖门缝，在冬天安装时至少留3mm，夏天安装时至少留1mm，防止门扇随气温变化热胀冷缩造成挤压。

（3）卫生间木门套安装应先装门槛石，再装门套。门槛石长度超过门套线10~15mm，门套基层板下端离门槛石10~15mm，基层板下端刷封闭漆，防止门套受潮变形（图10-2、图10-3）。

图10-2　门套距门槛石留10~15mm缝隙　　**图10-3　门套受潮腐烂实景图**

（4）建议卫生间等潮湿区域安装铝合金门及门套，避免受潮变形（图10-4）。

图10-4　卫生间铝合金门套

木门的风格要和门套、窗套、窗帘盒等协调统一，购买时要向经销商索要产品性能检测报告和产品质量检验合格证。

10.2 铝合金窗

住宅装饰装修经历了木窗、钢窗、塑钢窗、铝合金窗等发展阶段，现在主要使用的是铝合金型材制作的窗。铝合金窗分为普通铝合金窗和断桥铝合金窗。在家装中，通常用于封闭阳台的窗户、室内加层窗户、卫生间淋浴房框架等。

1.施工及验收时段

铝合金窗安装应在隐蔽工程、抹灰工程地面水泥找平层完工并通过质量验收合格后施工，安装完成即可进行验收。

2.验收清单

图10-5为铝合金窗安装质量验收实景图。

图10-5　铝合金窗安装质量验收实景图

铝合金窗安装质量验收清单见表10-2。

铝合金窗安装质量验收清单　　　　表10-2

序号	验收项目	验收内容
1	品种、类型、规格、尺寸	铝合金窗的品种、类型、规格、尺寸、性能、开启方向、安装位置、连接方式及型材壁厚符合设计要求、合同约定及国家现行标准的有关规定
2	窗框	窗框安装应牢固，与墙体缝隙填嵌密实饱满，密封胶应粘结牢固，表面圆弧光滑，边缘整齐、顺直，无裂纹
3	窗玻璃	应使用安全玻璃，具有3C钢化玻璃认证标志，无气泡、波纹、磕伤、划痕、污染等
4	五金配件	数量齐全、安装牢固、活动灵活，无磨损、锈迹
5	密封胶条	密封胶条安装牢固，无断裂、砂眼等缺陷
6	窗扇、纱窗开关	开关灵活，无碰擦、异常响声、密闭，框与扇、扇与扇之间平行，无翘曲、大小头，开启方向正确
7	窗排水孔	数量、位置正确，排水通畅
8	落地窗、低窗防护栏	落地窗、低窗按照规范安装防护栏，防护栏高度满足规范要求
9	观感质量	无碰伤、凹坑、污染，无明显拉毛，压条无缺损，密封胶无脱槽、卷边
10	允许偏差	窗槽口对角线长度偏差为4mm以内，窗框正面侧面垂直度允许偏差为2mm，窗横框水平度允许偏差为2mm

3.质量要点

（1）安装铝合金窗应采用预留洞口的施工方法，不得采用边安装边砌口或先安装后砌口的施工方法。

（2）外窗框如果有拆改，应当在窗框周边做两遍防水，防止窗框渗水发霉。同时外窗台坡水向外（图10-6）。

（3）外窗窗台距楼面、地面的净高低于0.9m时，应有防护设施。

（4）外围窗应具备气密性、水密性、抗风压性，符合三性试验要求，杜绝大雨及台风天气渗水现象。

（5）刚安装好铝合金窗时，尽量避免扬尘类的施工和清扫，防止胶水粘上灰尘影响美观。

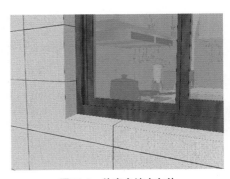

图10-6　外窗台坡水向外

质量小贴士

　　关好窗后，点燃一支香置于窗的接缝处，若青烟直上则表示密封性良好，若烟有偏移，说明铝合金窗有漏风。

第 **11** 章

细部工程验收

11.1 全屋定制

当房地产业蓬勃发展，各种户型、装修风格的居室也层出不穷时，大多数家具在设计时却相对大众化，很难满足个性要求。很多家具在展厅里格调优美，一旦搬到具体的家里却黯然失色，不是尺寸与房屋空间不符，就是款式不符合整体装修风格。全屋定制为消费者提供了个性化的家具定制服务，整体设计、生产、安装衣柜、书柜、酒柜、鞋柜、电视柜、步入式衣帽间、入墙衣柜等室内木制品。本节的全屋定制验收是指除厨柜、卫浴柜之外，其他空间如客厅、卧室等处的生活用柜，如衣柜、电视柜、书柜等。

1.施工及验收时段

全屋定制的流程包括：初量（可以在装修开工时第一次上门测量尺寸）、确定设计方案、复尺（一般在地板、地砖、吊顶完成后进行测量）、确认图纸、签订合同、工厂生产、上门安装（一般在墙面工程完成后）、验收。

2.验收清单

全屋定制质量验收清单见表11-1。

全屋定制质量验收清单　　　　　　　　　表 11-1

序号	验收项目	验收内容
1	外形、尺寸、安装位置	外形、尺寸、安装位置应符合设计要求；柜与顶棚、墙、地的固定方法应符合设计要求，柜体安装应牢固
2	板材	板材的品牌、品种、规格、质量等级、环保等级符合设计要求和合同约定，人造板材封边光滑、牢固
3	五金配件	（1）五金配件的品牌、品种、规格应符合设计要求和合同约定。 （2）配件应齐全，安装应牢固。 （3）表面光滑、电镀完好，无磨损破坏，无毛刺和锐角
4	观感	（1）平整、光滑、洁净、色泽一致，不露钉帽，无锤印，且不应存在变形、裂缝及损坏现象。 （2）分格线应均匀一致，线脚直顺。 （3）装饰线刻纹应清晰、直顺，棱线凹凸层次分明。 （4）出墙尺寸应一致。 （5）柜门与边框缝隙应均匀一致。 （6）与顶棚、墙体等处的交接、嵌合应严密，交接线应顺直、清晰、美观
5	柜门和抽屉	柜门和抽屉应开关灵活、回位正确，无倒翘、回弹现象
6	允许偏差	外形尺寸允许偏差3mm；两端高低差允许偏差2mm；立面垂直度允许偏差2mm；柜门关闭后不应从缝隙内看到柜内物品

3.质量要点

（1）所有柜体外露的锐角必须磨钝处理，金属件要在人可触摸的位置进行砂光处理，不能有毛刺和锐角（图11-1）。

（2）平开门门板开启顺畅，无杂声，缝隙一致。

（3）封边应光滑，无爆皮、断裂、开裂，零部件旁板、门板、抽屉面板等下口处的可视部位端面应封边处理（图11-2）。

图11-1 全屋定制储物柜实景图

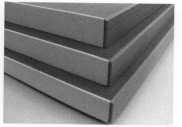

图11-2 人造板材封边工艺

（4）定制衣柜内部规划应符合设计图纸（11-3）。

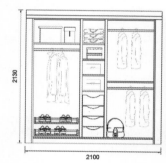

图11-3 定制衣柜内部规划与设计图纸对比图

质量小贴士

　　若是一般柜体的门，用板材裁切尺寸即可；若是大型的柜体，如衣柜等，必须用角材制作骨架、封板，确保门足够稳固。

11.2 护栏与扶手工程

　　在跃层、错层户型中，楼梯、落地窗护栏和扶手是一项重要的分项工程。护栏和扶手涉及安全保障，选用材料一定要坚固、耐用，安装一定要可靠、牢固。

1.施工及验收时段

护栏和扶手安装可在梯面、地面、墙面工程完成并验收合格后进行，安装完成即可进行验收。

2.验收清单

护栏和扶手安装质量验收清单见表11-2。

护栏和扶手安装质量验收清单　　　　　　　　　表11-2

序号	验收项目	验收内容
1	材料	护栏和扶手制作与安装所使用材料的材质、规格、数量，木材、塑料的燃烧等级符合设计要求
2	外形及位置	造型、尺寸及安装位置符合设计要求
3	连接牢固	护栏和扶手安装预埋件的数量、规格、位置符合设计要求，护栏与预埋件连接牢固
4	护栏高度及栏杆间距	（1）楼梯扶手高度不低于900mm；楼梯水平段栏杆长度大于0.5m时，护栏高度不低于1050mm。 （2）六层及六层以下住宅的阳台栏杆净高不应低于1050mm，七层及七层以上住宅的阳台栏杆净高不应低于1100mm。 （3）栏杆间距不大于110mm，护栏距地面100mm内不应留空（图11-4）
5	护栏玻璃	护栏玻璃安装不应松动，玻璃厚度、安装位置、安装方法应符合设计要求，护栏玻璃不能作为受力构件
6	观感	护栏安装应垂直，排列均匀、整齐，楼梯护栏坡度应与楼梯一致
7	安装允许偏差	护栏垂直度允许偏差为3mm，栏杆间距允许偏差为0～6mm，扶手直线度允许偏差为4mm，扶手高度允许偏差为0～6mm

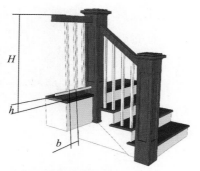

图11-4　六层及六层以下楼面护栏高度与栏杆间距示意图

注：$H \geqslant 1050mm$，$h < 100mm$，$b \leqslant 110mm$。

3.质量要点

（1）护栏应采用垂直杆件，避免采用横向杆件，防止儿童攀爬。

（2）受力杆件与预埋件或者后置埋件采用焊接连接时应当进行满焊，焊接处要打磨、抛光并做防锈处理。

（3）木扶手与弯头的接头应粘结牢固，并设有金属连接件。

质量小贴士

楼梯、阳台护栏不仅有一定的美观装饰作用，最重要的作用还是保障人身安全。家中有儿童时，不可在护栏下部设置或放置可以踩踏登高的物件，以防止意外坠落事件。

11.3 窗帘盒制作与安装工程

窗帘是家居中每个窗户的必备设施，它既有装饰作用，也有保温、遮光等功能性作用。窗帘轨道安装在顶面上，窗帘杆在安装墙面或顶面上，会与整体环境形成不协调感，同时窗帘与顶面之间的缝隙会有漏光现象，所以，在住宅装饰装修工程中，经常通过窗帘盒将轨道、窗帘杆、帘头等隐蔽起来，以提高室内环境的整体感。

图11-5　与吊顶一体化施工的窗帘盒

1. 施工及验收时段

窗帘盒制作与安装工程应在吊顶工程、墙面抹灰工程和批刮腻子完工并验收合格后进行，或者与吊顶工程同步设计、同步施工、同步验收（图11-5）。

2. 验收清单

窗帘盒制作与安装工程质量验收清单见表11-3。

窗帘盒制作与安装工程质量验收清单　　　　表11-3

序号	验收项目	验收内容
1	材料	窗帘盒所用材料的材质、规格、性能、有害物质限量及木材的燃烧性能等级和含水率应符合设计要求
2	外形及位置	窗帘盒的造型、尺寸、安装位置和固定方法符合设计要求
3	窗帘盒配件	窗帘盒配件的品种、规格符合设计要求，安装应牢固
4	外观质量	窗帘盒表面应平整、洁净、线条顺直、接缝严密，色泽一致，不得有裂缝、翘曲及损坏
5	与墙、窗框的衔接	窗帘盒与墙、窗框的衔接应严密，密封胶缝应顺直、光滑

序号	验收项目	验收内容
6	安装允许偏差	水平度允许偏差为2mm，直线度允许偏差3mm，出墙厚度允许偏差为3mm，两端距离洞口长度差允许偏差为2mm（与吊顶一体设计、窗帘盒长度为整面墙的除外）

3.质量要点

（1）窗帘盒内径宽度宜为200mm，高度宜为200mm，长度伸出窗洞口两侧各200mm，窗帘盒下沿应在门、窗洞口的上沿之上。

（2）窗帘、百叶展开后与玻璃之间的间距应不小于50mm。

（3）窗帘盒应有单独的吊挂系统，直接受力在结构基层上。每个窗帘盒的吊挂系统应设置不少于2处的吊杆或吊件，且吊

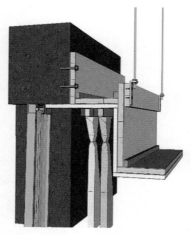

图11-6　窗帘盒独立吊挂系统示意图

杆或吊件距离窗帘盒端头不大于300mm，吊杆或吊件的间距不大于1200mm（图11-6）。

> **质量小贴士**
>
> 安装智能窗帘时，要考虑智能窗帘电机的大小尺寸及重量。建议电机沿墙侧装，直接受力在墙体上，不得吊装在窗帘盒上，以免造成窗帘盒松动。

第 12 章

厨房工程验收

12.1 厨柜安装

厨柜定制安装要注意的三要素是台面、板材、五金，如果厨柜安装人员不够用心或不够专业，则会带来很多的麻烦。板材主要用于柜门和柜体，按照基材可分为实木颗粒板、实木密度板（也叫纤维板）、实木多层板、原

图12-1　厨柜效果图

木板等。市面上大部分厨柜品牌使用前三种居多。台面材料主要有不锈钢、大理石、人造大理石、防火板等，要求不燃、强度高、易清洁（图12-1）。

1.施工及验收时段

厨柜安装应在厨房隐蔽工程、吊顶工程、墙面工程和地面工程完工并验收合格后进行，安装完成即可进行验收。

2.验收清单

厨柜安装质量验收清单见表12-1。

厨柜安装质量验收清单　　　　　　　　　　　表12-1

序号	验收项目	验收内容
1	厨柜安装	厨柜应安装牢固,水平垂直。安装位置符合设计要求
2	柜体	柜体贴面应严密、平整,无脱胶、胶痕和鼓泡等现象,裁割部位应进行封边处理,钉眼部位应盖上钉眼装饰帽。柜体内表面和柜体可视表面应光洁平整、颜色均匀,无裂纹、毛刺、划痕和碰伤等缺陷
3	柜门	柜门与柜体安装连接应牢固,不应松动,开关灵活,且不应有阻滞现象。门板上下、左右、前后齐整,缝隙均匀一致
4	台面	台面水平、平整、光亮,磨边圆滑美观,接缝平直紧密,打胶完好,手感平滑,无裂缝、缺损、划痕、污染等。在切菜区、炉灶及水槽处的柜体应加强对台面的支撑力度
5	五金	五金配件与订单一致,无损坏和划痕。拉手安装牢固,无松动。铰链开启角度符合功能设计要求
6	抽屉和拉篮	抽屉和拉篮应有限位保护装置

3.质量要点

(1)人造石台面下可以使用木板衬底,防止台面受热不均或切菜冲击下的变形开裂(图12-2)。

图12-2　台面下安装底板(图中红色区域)

（2）水槽与人造石结合处应打上防水硅酮胶，必要时防水试验。

（3）水槽下部的柜体板表面敷贴铝箔纸，可以有效减少潮气和渗水对柜体的影响（图12-3）。

（4）吊柜要使用吊码加固，使吊柜更安全（12-4）。

（5）台下盆不可使用石英石边角料加胶粘固定，一定要物理固定。

图12-3　柜体铝箔防潮　　　　图12-4　吊柜使用吊码

质量小贴士

厨柜的验收应当以设计文件为基础，验收时着重从板材五金品牌型号是否符合合同约定、厨柜安装是否安全、使用功能是否符合预期等方面查看，要确认厨柜尺寸与电气设备的契合，以免造成厨房设备无法安装以及使用时的不便。

12.2 厨房设备安装

厨房设备安装是实现厨房功能的基本手段，也是住宅装饰装修中最重要的基本分项工程。厨房设备主要有灶具、抽油烟机等，各设备应当相互协调、配套，才能保证功能得以实现。

1.施工及验收时段

厨房设备安装应在厨房隐蔽工程、吊顶工程、墙面工程和地面工程完工并验收合格后与厨柜安装同步进行，或在厨柜安装完成后进行，安装完成即可进行验收。

2.验收清单

厨房设备安装质量清单见表12-2。

厨房设备安装质量验收清单 表12-2

序号	验收项目	验收内容
1	燃气管	（1）燃气管与灶具、热水器等应采用符合当地燃气规范要求的接驳管进行连接，长度不应大于2m，中间不得有接口，不得有弯折、拉伸、龟裂、老化等现象。 （2）燃具的连接应严密，安装应牢固，不渗漏。 （3）燃气热水器排气管应直接通至户外
2	灶具安装	灶具与厨房燃气管道间距不得小于40cm，离墙间距不应小于100mm
3	洗涤池	水池水斗关闭时不渗漏，开启时排水通畅。排水管设存水弯，无反臭现象
4	水龙头	水龙头安装牢固，开关灵活自如，角阀与水龙头连接无渗漏
5	油烟机	开机5min后，无抖动或异常声音

3.质量要点

（1）燃气表应当方便抄表。燃气管包覆时，接头处应当留有检修口（图12-5）。

（2）厨柜台面上宜采用带开关的插座，洗菜池下方用于小厨宝的插座应为防溅插座或装有防水溅保护罩（图12-6）。

（3）洗菜池下水管应当设置存水弯，防止异味（图12-7）。

（4）烟道排气孔与油烟机排气管应当连接紧密、密封，安装止逆阀，防止烟气反流（图12-8）。

（5）油烟机不得与热水器或采暖炉排烟合用一个烟道。

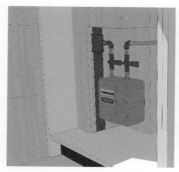

图12-5　燃气表示意图

图12-6　带开关插座

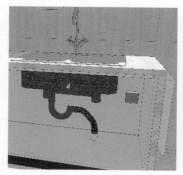

图12-7　U形存水弯

图12-8　排气管使用止逆阀

质量小贴士

厨房安装工程验收要兼顾卫生、防火、方便和美观，其中卫生和安全是验收的重点。

第13章

卫浴工程验收

13.1 卫浴柜具安装

浴室柜是浴室放物品的柜子，其面材可分为天然石材、人造石材、玻璃、金属和实木等。基材是浴室柜的主体，它被面材所掩饰。基材是浴室柜品质和价格的决定因素。台盆有天然大理台、人造大理石、陶瓷等几种主要类型。

1.施工及验收时段

浴室柜安装应在卫生间隐蔽工程、吊顶工程、墙面工程和地面工程完工并验收合格后进行，安装完成即可进行验收。

2.验收清单

浴室柜具安装质量验收清单见表13-1。

3.质量要点

（1）卫浴五金配件（毛巾架、挂钩、三脚挂架与层板等）应耐潮、安装牢固、具有良好的荷重。

（2）卫生间玻璃台面必须采用安全玻璃。

（3）浴室柜的柜体与台面板、柜体与底座间的连接紧密、平

序号	验收项目	验收内容
		浴室柜具安装质量验收清单 表13-1

序号	验收项目	验收内容
1	浴室柜	浴室柜表面应平整、光滑、洁净、色泽一致，不露钉帽，无锤印，且不应存在变形、裂缝及损坏现象；拼缝应严密，纹理通顺；装饰线刻纹应清晰、直顺，棱线凹凸层次分明，出墙尺寸应一致
2	柜门	浴室柜的柜门应开关灵活，回位正确，无倒翘、回弹现象。柜门与边框缝隙应均匀一致
3	台面	台面应具备耐液、耐湿热、耐干热、抗冲击、耐污染等性能。玻璃台面必须采用安全玻璃
4	五金	五金配件与订单一致，无损坏和划痕
5	台盆	台盆排水管应插入排水支管管口内，并应与排水支管管口吻合，密封严实。排水管应设S弯水封，水封深度不应小于50mm。台下盆应有可靠支撑
6	抽屉	抽屉应开关灵活，回位正确，具有限位保护装置，结构结实耐用，敲打时无松散声音

整，结合处安装牢固。

（4）台下盆除了云石胶固定外，还需要进行物理支撑（图13-1）。

图13-1　台下盆用角钢进行二次支撑

由于卫浴空间潮湿度较大，因此相关卫浴柜具应选择防腐、防水的材质或外包封防水材质。

13.2 卫浴设备安装

卫生间可划分为洗漱区、淋浴区和如厕区三大主要功能区。功能区的位置需要根据卫浴空间的大小和放置的卫浴设备而定。卫浴设备安装主要指坐便器、淋浴房、浴缸、热水器等的安装。热水器主要有燃气型热水器、电热水器和太阳能热水器三种类型。

1.施工及验收时段

卫浴设备安装应在卫生间隐蔽工程、吊顶工程、墙面工程和地面工程完工并验收合格后进行，安装完成即可进行验收。

2.验收清单

卫浴设备安装质量验收清单见表13-2。

卫浴设备安装质量验收清单　　　　　　　　表13-2

序号	验收项目	验收内容
1	淋浴房	淋浴玻璃隔断安装牢固，玻璃应为安全玻璃，并有3C认证标志。门安装牢固，开启自如。淋浴隔断应洁净无损坏，密封胶粘结牢固，表面应圆弧光滑，边缘整齐。淋浴间内各给水、排水系统应进水顺畅，排水通畅、不堵塞，地面不积水
2	坐便器	坐便器、净身盆安装牢固，并应采用非干硬性材料密封，不得用水泥砂浆固定。坐便器排水按钮按压、回弹灵活，排水通畅，角阀、软管连接无渗漏。表面洁净无损坏、密封胶粘结牢固，表面圆弧光滑、边缘整齐

序号	验收项目	验收内容
3	龙头花洒	安装牢固，开关灵活自如，表面无损伤、锈蚀。出水流量和流速正常，无滴漏现象
4	风暖	符合设计要求，安装牢固，运行正常
5	电热水器	进出水水质较好，出水顺畅
6	浴缸	浴缸表面颜色均匀一致，无污损、脱瓷、划伤、磕伤等。浴缸活塞密封无渗漏，排水通畅。浴缸排水部位应有检修口
7	水龙头	表面无剥落、生锈、划痕，出水流量和流速正常，无滴漏现象

3.质量要点

（1）坐便器安装时不得用水泥砂浆，应使用抗拉硅酮胶固定。

（2）坐便器排污管管口应高出完成面10mm，排便孔与排污管口应密合，并用油泥密封（图13-2）。

（3）卫生间下水管包管时一定要做隔声处理，同时设置检修孔（图13-3）。

图13-2 坐便器排污管管口示意图

（4）风暖

①出风口要接在外面，管道间要做好密闭处理；止风板的位置要切实就位，不可轻易拆除。

②选择多功能浴室干燥机，要注意电线的负荷及控制面板的出孔位置，特别注意和水电配置应相合。

（5）电热水器插座应当使用接地良好的16A插座，并且有漏电保护装置。

（6）水龙头与脸盆、洗槽匹配，出水口的深度与接水的器具距离要适中。接头要密合，防水配件都要切实锁合。

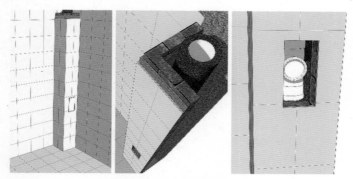

图13-3 卫生间下水管包管示意图

质量小贴士

卫浴的安装质量不仅要关注工人师傅安装手艺，还要关注设备质量和辅助材料的质量，特别是辅助材料的质量不能忽视。

第**14**章

室内环境污染控制

装饰装修或多或少会产生一些有害气体，这些有害气体带来了室内环境的污染，危害着居住者的健康。根据统计，装饰装修产生的有害气体有甲醛、氨、苯、甲苯、二甲苯、总挥发性有机化合物（TVOC）等，本章主要阐述这些装修污染物的特性以及防治办法。

14.1 装饰装修常见空气污染物

1. 甲醛

甲醛没有特征性的气味，但是有着明显的刺激性，很容易被感知。甲醛广泛存在于需要用到胶粘剂的地方，如人造板家具、构件以及窗帘、地毯、沙发等布艺制品。

危害：甲醛在室内达到一定浓度时，人就有不适感。大于$0.08mg/m^3$的甲醛浓度可引起眼红、眼痒、咽喉不适或疼痛、声音嘶哑、喷嚏、胸闷、气喘、皮炎等。

2.苯、甲苯、二甲苯（苯系物）

苯、甲苯、二甲苯（苯系物）主要来源于尚未挥发的油漆溶剂、溶剂型胶粘剂、染色剂、墙纸、地毯、合成纤维和清洁剂等。

急性中毒：短时间内吸入较高浓度的苯系物可出现眼睛及上呼吸道明显的刺激症状、眼结膜及咽部充血、头晕、头痛、恶心、呕吐、胸闷、四肢无力、步态蹒跚、意识模糊。重症者可有躁动、抽搐、昏迷。慢性中毒：长期接触可发生神经衰弱综合征，肝肿大等。同时，苯已经被国际癌症研究中心确认为导致癌症及白血病的重大诱因之一。

3. TVOC

总挥发性有机化合物 TVOC 英文全称是 Total Volatile Organic Compounds，是指在常温下，其沸点为 $50\sim250℃$ 或是在常温下饱和蒸气压超过了 133.32Pa 的以蒸气形式存在于室内空气中的各种有机化合物的总和。

TVOC 主要来源于家具、建筑材料、油漆、涂料、装饰材料、胶粘剂、家用电器、自燃煤、天然气、清洁剂、烹调、吸烟等。在室内装修过程中，TVOC 主要来自油漆、涂料和胶粘剂 。

TVOC 有刺激性气味，而且有些化合物具有基因毒性。一般认为，TVOC 能引起机体免疫水平失调，影响中枢神经系统功能，出现头晕、头痛、嗜睡、无力、胸闷等自觉症状。还可能影响消化系统，出现食欲不振、恶心等症状，严重时可损伤肝脏和造血系统，出现变态反应等。

4.氨

氨主要来自混凝土添加剂（建筑施工）和增白剂（家具涂饰）。

对人体的危害包括：上呼吸道疾病；抵抗力降低等。

5.氡

氡的主要来源是房基土壤、花岗石、砖砂、水泥、粉煤灰砖和石膏等建筑材料。

危害：氡进入肺内后，衰变成钋、铅、铋放射性同位素，以金属离子的形式附着在表层黏膜，对细胞造成损伤。

14.2 室内环境污染物限量值

甲醛、氨、苯、甲苯、二甲苯、TVOC需要现场采样，将样品带回试验室分析后得出检测结果，继而出具验收报告；而氡则是直接在现场使用仪器检测获得结果，与其他污染物一起出具验收报告。图14-1为现场检测时的采样仪器。

根据《民用建筑工程室内环境污染控制标准》GB 50325—

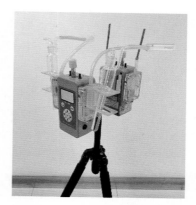

图14-1　室内污染物现场采样仪器

2020，住宅装饰装修工程室内环境污染物限量应符合表14-1的规定。

住宅装饰装修工程室内环境污染物限量　　　　　表14-1

序号	室内环境污染物	浓度限值
1	氡（Bq/m³）	≤150
2	氨（mg/m³）	≤0.15
3	甲醛（mg/m³）	≤0.07

序号	室内环境污染物	浓度限值
4	苯（mg/m³）	≤0.06
5	甲苯（mg/m³）	≤0.15
6	二甲苯（mg/m³）	≤0.20
7	TVOC（mg/m³）	≤0.45

根据《室内空气质量标准》GB/T 18883—2002，住宅和办公室内与装修有关的污染物的指标见表14-2。

室内空气质量标准　　　　　　　　表14-2

序号	室内环境污染物	浓度限值
1	氡（Bq/m³）	≤400
2	氨（mg/m³）	≤0.20
3	甲醛（mg/m³）	≤0.10
4	苯（mg/m³）	≤0.11
5	甲苯（mg/m³）	≤0.20
6	二甲苯（mg/m³）	≤0.20
7	TVOC（mg/m³）	≤0.60

《民用建筑工程室内环境污染控制标准》GB 50325—2020对室内环境污染物的限量指标比《室内空气质量标准》GB/T 18883—2002严格，主要是为后期活动家具进入室内预留了空间。

14.3 应对及治理

1.装饰设计阶段的环境污染控制

在设计阶段要对室内环境污染实施有效的控制，选择环保的装修材料和施工工艺。例如避免使用大量的常规人造板材，尽可能选择无醛胶人造板或实木、金属、玻璃等非木质类材料。避免使用深色花岗石之类的天然石材，以大理石、人造石、陶瓷砖代替。

2.加强装饰施工阶段的环境污染控制

在工程施工阶段，从污染源头抓起，严格材料进场检查验收，对那些有潜在污染超标风险的材料应严格检查环保达标检测报告，无报告不得进入施工场地。在施工过程中要采用科学、有效的施工工艺，人造板材的断面必须进行封边处理，不得使用环保不合格的胶粘剂、油漆等施工材料。对于水泥、黄砂、石材、陶瓷也应向商家索取放射性检测合格报告。

3.加强工程的竣工验收

室内环境污染达标是装修工程竣工验收合格的必需条件。室内环境污染检测一般在装饰装修工程完成7天后，工程交付前进行。由于室内环境污染不仅仅来自装修材料，还来自家具，根据《中国室内环境概况调查与研究》，活动家具对室内甲醛污染的贡献率统计值约为30%，对苯污染也有一定的贡献率。因此，室内环境检测的时间选择不同，检测结果可能不同。装修工程结束后、活动家具进场前检测为合格，活动家具进场后检测则可能变为不合格，所以一定要考虑家具所带来的污染叠加。活动家具进场后，正常生活状态下的室内空气质量检测可依据《室内空气质量标准》GB/T 18883—2002进行。

由于家装工程有半包、全包之分，因此，家装工程的室内环境污染物超标责任应当在合同里进行明确。检测时应当委托具有国家认证资质的检测机构，确保检测结果的专业性和合法性。需要提醒的是，检测不合格的装修工程严禁交付使用。图14-2为室内环境污染物检测报告示例。

4. 加长空置时间及加强通风

装修结束后，短期内装修污染物会有一个比较高峰的挥发期，随后挥发速度会逐渐减弱。有资料记载，室内挥发性有机化合物，其浓度衰减到国家标准以下的平均周期是一年，如果室内含污染物装修材料用量少，或是材料环保、通风良好，这个时间会更短，反之则会更

图14-2　室内环境污染物检测报告示例

长。因此，住宅装修后最好空置一段时间再入住，入住前建议进行相关的检测，合格后再入住。

另外，消除污染最有效的方法是通风，通风方式包括自然通风和机械通风，开门开窗是最简单的自然通风，一般来说，在自然通风的情况下，室内各项污染物的浓度很快会降到安全水平。在自然通风不方便的情况下，可以采取机械通风，例如安装新风系统，通过新风系统的强制换气通风，室内的污染物也能很快被稀释净化。需要提醒的是，通过活性炭、柚子皮等除甲醛的方法，其作用微乎其微。同时市面上的一些净化产品也并不可靠，还有可能带来新的污染物，一定要谨慎购买使用。

第15章

装修保洁及竣工验收

15.1 装修保洁

房屋装修过程中，室内会残留下许多装修垃圾和大量灰尘，装修后进行保洁是必要的程序。

1.垃圾清理

垃圾清理的主要工作有拆除成品保护板、保护膜，清理水泥块、木屑、装修边角料等，每个分项工程结束后都应该进行垃圾清理，确保下一项工程能顺利进行。

2.除尘

装修中会产生大量的建筑粉尘，必须及时除尘。有些分项工程在进行之前也要确保基面无堆积粉尘，例如在铺木地板之前，要把房间的地面清扫一下，主要是清扫灰尘，以防木地板铺好后，走在上面从缝隙里冒灰。

除尘时建议用大功率吸尘器由上到下全面吸尘。装修粉尘在清理完之前，地面勿用水拖洗，防止尘沙囤积在下水管内。

3.清洁

清洁包含擦拭厨柜、清洗窗户、处理泥渍、漆渍和残胶，以及阳台、卫浴和全室地板的清理。建议在所有装修都完成后，进家具之前，找一个正规的保洁公司，把家里整体保洁一次。

4.验收清单

保洁工程验收清单见表15-1。

保洁工程验收清单　　　　　　　　　　　表15-1

序号	验收项目	验收内容
1	墙面	无色差，无明显污渍，无涂料点，无胶迹，无积灰，开关盒洁净，无胶渍
2	顶面	灯具洁净，排风口、空调出风口无灰尘，无胶点
3	地面	地面无死角，无遗漏；木地板无胶渍、洁净；瓷砖无尘土，无漆点，无水泥渍，有光泽；石材无污渍，无胶点，光泽度高
4	门窗	门及门套无胶渍，无漆点，触摸光滑，有光泽，门沿上无尘土；玻璃无水痕，无手印，无污渍，光亮洁净
5	厨房、卫生间	墙体无色差，无明显污渍，无涂料点，无胶迹，洁具洁净光亮，不锈钢管件光亮洁净，地面无死角，无遗漏，无异味；柜内五金、门板线板装饰、门板高柜上方等无灰尘

质量小贴士

对于残胶、油漆点、填缝剂等，要依据不同的材质，选择合适的处理方式。五金件、门窗、卫浴设备等禁止使用钢丝球、钢丝棉擦拭，防止划伤。地板清理时，不得采用湿度太高的抹布和拖把，防止地板吸水，造成变形。

15.2 竣工验收

1.竣工验收的内容

竣工验收是指整个装修工程竣工后，由业主、设计、施工单位及监理单位对该工程是否符合设计要求、工程质量要求进行全面检验，并取得竣工合格资料、数据资料和凭证的过程。

竣工验收是建立在分阶段验收的基础之上，前面已经完成验收的项目一般在竣工验收时就不再重新验收。

竣工合格资料包括：业主签字确认的工程分阶段验收合格表、竣工验收合格表等；数据资料包括：竣工图、隐蔽工程照片等；凭证包括：装修质量保证书、装修工程使用说明书等。

2.住宅装饰装修工程质量验收表

进行竣工验收时，一方面对已经验收的项目核查相关资料，另一方面对尚未验收的项目进行验收并记录，验收合格后填写竣工验收合格表并签字确认。竣工验收合格表可参照表15-2。

住宅装饰装修工程质量验收表　　　　　　　　表15-2

工程名称（地址）				
施工单位			项目经理	
验收阶段	验收内容		验收结论	双方签字
隐蔽工程验收	给水排水工程			施工方签名： 业主签名： 日期：
	电气布线工程			
	防水工程			

过程验收	吊顶工程		施工方签名： 业主签名： 日期：
	轻质隔墙工程		
竣工验收	涂饰工程		施工方签名： 业主签名： 日期：
	饰面工程		
	地面铺装工程		
	门窗工程		
	细部工程		
	电气安装工程		
	厨房工程		
	卫浴工程		
	智能化工程		
	采暖、通风与空调工程		

注：1.可根据工程具体情况增加或删除检查项目。

2.本表一式两份，双方各持一份。

附录 住宅装饰装修验收问答

问1： 住宅装饰装修流程及各阶段验收内容是什么？

答： 可参照表1。

住宅装饰装修流程清单及阶段验收内容 表1

序号	项目流程	项目内容	验收内容
1	现场交底交接	双方共同检查原始房屋状况，填写交接检查表，业主提出装修要求，施工方提出原始房屋质量隐患并提出装修建议	填写交接检查表，双方确认
2	拆除工程	依据交接检查表，施工方进行现场拆除和改造	（1）拆除不能破坏结构；（2）墙面地面装饰层铲除一定要见底；（3）拆除垃圾禁止掉落到下水道中；（4）提交确认拆除后发现的新的质量问题
3	隐蔽工程	给排水工程施工，强弱电布线，防水工程，中央空调管线设备施工，地暖布线设备施工	隐蔽工程验收
4	泥作工程	墙面、顶面抹灰工程，地面找平工程，轻质砖砌体隔墙，瓷砖铺贴工程	泥作工程验收
5	木作工程	轻钢龙骨隔墙工程，吊顶工程，固定家具工程	木作工程验收
6	油漆工程	墙面、顶面涂饰工程	油漆工程验收

序号	项目流程	项目内容	验收内容
7	安装工程	定制家具安装，成品门安装，厨房厨柜设备安装，卫浴设备安装，灯具开关安装，中央空调安装，地暖设备安装	安装工程各分项验收
8	软装工程	成品家具、窗帘等软装配饰	产品质量验收
9	竣工	基础装修工程量核算，产品验收核算	竣工验收

问2：全装修成品住房收房时应注意什么？

答：全装修成品住房收房时，需要掌握"先验房，后收房"的原则，和开发商一同对所购商品房进行验收、交接工作。

（1）收房时应当获得的文件资料

收房前，开发商应当提交《质量保证书》《住宅使用说明书》《维保内容及年限》等，以便后期出现质量问题按约定要求维修。

（2）验房主要注意点

验房时要注意检查防盗门、室内门窗、洁具、厨柜五金等设备、产品和材料的品牌是否与合同一致，避免出现以次充好、品牌替换现象。在签署购房合同关于装修的附加条款时，最好将装修材料品牌、型号描述清楚，避免出现"等同于某品牌建材"等模糊的字眼。

（3）验房过程中不满意的地方或问题处理

消费者若有不满意的地方，可将意见填写在《验房交接表》中，作为书面依据，若开发商未准备有关表格，消费者应另以书面形式将意见送交开发商。同时，对发现的问题要在《验房交接表》中予以详细注明，若属于不能收房的问题，应详细写明原因并要求开发商签字、盖章。

问3：装修前为什么一定要认真验收地平？

答：所谓验地平就是以住宅进门口为参照系，测量室内所有房间地面与门口内地面的水平误差。验地平可以检验房屋建筑的质量水平。一般来说，如果水平差异在2cm左右属于正常，3cm在可以接受的范畴，超出这个范围，在找平时就需要加以注意。水平误差过大，不仅找平的成本增加，而且会降低房屋的层高，装修公司在设计、施工时要充分加以考虑。

在验收地平的同时还需验收房子是否方正，测量墙体的轴线位置偏移，根据《砌体结构工程施工质量验收规范》GB 50203—2011规定，允许偏差为10mm，超过这个标准，务必进行墙体找平处理后才能进行施工。

问4：有些已经粉刷过的顶面为什么还需要进行验收？有些还需要铲除重做？

答：2018年12月，某楼盘业主来电反映称家里阳台、房间新装修的顶面涂料出现多处脱落的现象。

现场核查：房屋没有吊顶，直接涂饰顶部，多处涂层整块掉落，掉落部分顶部暴露出的房顶水泥面上平平整整，光亮如新，无腻子附着。没有掉落的部分边缘也已经开裂，随时有可能掉落。

原因分析：开发商进行粉刷时没有将墙基上的油污去除，直接在沾有支撑膜油污的墙体上粉刷，是造成涂层掉落的直接原因。因此，装修前一定要对房顶进行验收，看其与基层的贴合是否紧密，要不要做铲除处理。

问5：为什么拆墙要遵照相关规定审查图纸并报批？

答：拆墙前应报物业审查。在楼房竣工时，原设计单位会给物业公司留一份图纸。图纸上对承重墙、非承重墙等各种墙体的厚度和材质等都标明清楚。根据图纸，物业公司便能确定哪些是可以拆除的墙体。因此业主在墙体改造之前，必须把设计师给的施工图纸递交到物业公司，得到物业的批准后才能施工。要拆除承重墙，必须由房屋安全管理部门审批方可进行。

友情提醒：业主在房屋拆改时一定要遵照相关规定，该备案的备案，该报批的报批，切勿听由装修团队任意拆改。

问6：为什么绝对禁止从窗户抛运建筑垃圾？

答：家庭装修过程中产生的建筑垃圾应当袋装收集、定点投放、及时清运，严禁随意倾倒。尤其在拆除外墙体时，需设警戒线、围栏、通道标志物等，防止拆毁的物料坠落，伤害行人或损坏财物。

友情提醒：在装修开工前要对拆改工进行提醒，切不可从窗户抛运建筑垃圾。高空抛物在我国已经入刑法，从高空抛运垃圾是犯罪行为，会造成不可估量的损失。

问7：阳台新砌外墙需要做防水吗？

答：新砌筑外墙一定要做防水，因为外墙遭受风吹雨打易造成雨水渗入室内。

《建筑外墙防水工程技术规程》JGJ/T 235—2011中规定：在正常使用和合理维护的条件下，年降水量大于等于800mm地区的高层建筑外墙宜进行墙面整体防水。

问8：室内用多孔砖砌筑填充墙时孔洞的方向有要求吗？

答：《砌体结构工程施工规范》GB 50924—2014中规定：多孔砖的孔洞应垂直于受压面砌筑。这样砌筑能使砌体有较大的有效受压面积，有利于砂浆进入上下砌块的孔洞，产生"销键"作用，提高墙体的抗剪强度和整体性。

问9：淋浴间蓄水排不掉怎么回事？

答：蓄水排不掉的原因应该是地漏管高于结构面，导致水无法排清。地漏安装的位置要略低于地面，才能方便排水。

问10：防水工程完成后可以在作业面上用冲击钻钻孔么？

答：在已经做好的防水层上钻孔，必然要破坏防水层，造成漏水。

问11：卫生间干湿区没有做止水梁，会有影响吗？

答：卫生间干湿区一定要做止水梁。止水梁可以防止湿区的水渗透到干区，而将浴室一分为二，干湿分开，可保持沐浴之外的场地干燥卫生，维持浴室整体环境的整洁美观。

问12：坐便器下水管低于地砖面会有什么隐患？

答：坐便器下水管低于瓷砖会产生不良后果，下水管四周有可能会有水渗出，粪水渗出的过程是很缓慢的，每次冲坐便器都会给下水管四周一点压力，一开始防水做得比较好，可能水不会淌下去，但是时间长了，粪水就会慢慢渗入瓷砖夹层，导致坐便器周边发黄并散发臭味。

友情提醒：业主在验房时要注意预留的坐便器下水管高度，要满足贴好瓷砖后高于瓷砖表面的要求。

问13：新装修的房子瓷砖为何出现大面积空鼓？

答：瓷砖空鼓的原因很多，铺贴前浸泡时间不够，上墙后吸收水泥砂浆中的水分，会形成空鼓；地板基层抹灰不符合施工要求，或表面清洁没有做到位，会形成空鼓；铺贴地砖的砂浆不够饱满，会形成空鼓；铺贴瓷砖后未及时敲打压实，瓷砖与地面粘贴不牢靠，会形成空鼓；地面管线过多也容易形成空鼓；瓷质砖未使用玻化砖专用胶粘剂以及镶贴师傅的工艺水平低也会导致空鼓。

问14：贴墙纸后为什么会暴露出油漆挂痕？

答：这是贴墙纸的前道工序油漆工涂饰工程质量不合格所致。

友情提醒：带有自主装修成分的半包工程，业主往往负有较多的监管责任。在工序协调时，要特别注意工程节点的质量验收。否则出现问题后难以划分责任，最后不得不由业主自己买单。

问15：贴墙纸后半年为什么会透出黑斑？

答：这种情况原因有多种。墙体潮湿、油漆没有干透、墙纸受潮、房屋久关等均可产生这种现象。

问16：装修时电工没有按要求接驳地线，是否有安全隐患呢？

答：住宅装修接好地线十分重要，接地不良会有很大的安全隐患。

问17：配电箱分支需配置漏电保护器吗？

答：漏电保护器的规范叫法应该是剩余电流动作保护器，它能在设备漏电或触电时迅速断开电路，保护人身和设备的安全。总开关安装剩余电流动作保护器，任何分支线路只要发生漏电，全屋都会断电；分支回路安装剩余电流动作保护器，该支路发生漏电，只有该分支回路断电。《住宅设计规范》GB 50096—2011要求除壁挂式分体空调电源插座以外的电源插座回路都应设置剩余电流动作保护器，《住宅建筑电气设计规范》JGJ 242—2011建议分体式空调电源插座也安装剩余电流动作保护器，因此所有插座回路最好都安装剩余电流动作保护器。

问 18： 网线太细会有什么后果？

答： 如果网线太细，线路衰减较大，会引起线路的远端信号弱。与连接网络插座时会咬合不良，从而引起线路接触不良，造成通信中延时过大、卡顿现象，严重的会引起电路中断。

友情提醒： 住宅装修不可忽略网络布线。虽然现在无线网络盛行，但目前最安全可靠的仍然是有线网线。在设置有线网线时，网线和网线插板都应使用优质产品，否则会带来麻烦。